しくみ図解

半導体レーザが一番わかる

▶ 情報通信機器を支える
小型で少消費電力のレーザ！ ◀

安藤幸司 著

技術評論社

はじめに

　人類が作り出した人工の光「レーザ」が発明されて半世紀がたちます。レーザは20世紀最大の発明といわれてきました。レーザの発明により20世紀の後半と21世紀は「光の時代」に突入しました。

　レーザという言葉には、何となく恐ろしい響きがあります。しかし、我々の日常生活を見回してみると、ビデオ機器や音楽再生装置であるCDやDVDにレーザが使われ、電話やインターネットの基幹部分にはレーザ光を使った光通信が行われています。レーザは高密度情報を扱うことができるのです。現代の情報社会は、光、それもレーザがなければ成り立たなくなっています。

　そんなレーザとは一体どういうものなのでしょう。一直線に伸びる光の糸（レーザ光）はどうして発生できるのでしょう。月まで行って返ってくるレーザ、そのレーザで月までの距離が計測できてしまう。はたまた、木はもとより堅い金属まで切断してしまうレーザ。光で長さを計測し、熱源として加工までできてしまうレーザの正体は一体どういうものなのだろう？

　そんな素朴な疑問から本書はスタートしています。レーザはいろいろなタイプのものが開発されてきましたが、本書のメインタイトルである「半導体レーザ」は、現在最もよく使われているレーザです。半導体レーザの発明によってレーザはより身近なものとなりました。

　本書では、その半導体レーザを中心に、レーザそのものの基礎知識と使い方、レーザの応用をできる限りわかりやすく、図表をふんだんに用いて解説しています。筆者は、半導体レーザの開発者ではなく半導体レーザ及びレーザを使用する側から深く関わってきたものです。レーザの歴史を学びながら、レーザの特性を知り、半導体レーザを使って科学機器の製作も手がけてきました。本書はそのような体験からできあがっています。

2011年3月　著者記す

半導体レーザが一番わかる

情報通信機器を支える小型で少消費電力のレーザ！

目次

はじめに……3

第1章 半導体レーザの特徴……9

1 半導体レーザとは……10
2 光源としての半導体レーザの特徴① 単一波長／直進性……12
3 光源としての半導体レーザの特徴② エネルギー密度／コヒーレント光…14
4 光源としての半導体レーザの特徴③ 小型／容易な発振／短時間発光…16
5 ほかのレーザと比べた特色は？……18
6 半導体レーザ開発史……20
7 半導体レーザの性質……24

第2章 レーザの基礎知識Ⅰ　レーザの歴史と種類……27

1 レーザの発見と歴史……28
2 レーザ発振のメカニズム① 誘導放出……32
3 レーザ発振のメカニズム② 共振器……34
4 レーザ発振のメカニズム③ 媒質の性質……36
5 レーザの種類……38
6 ガスレーザ……40

CONTENTS

- 7 固体レーザ ……… 41
- 8 固体レーザの仲間① YAGレーザ ……… 43
- 9 固体レーザの仲間② 固体グリーンレーザ、波長可変固体レーザ …… 46
- 10 固体レーザの仲間③ ファイバレーザ ……… 48
- 11 金属蒸気レーザ／液体レーザ ……… 51

第3章 レーザの基礎知識Ⅱ レーザの特性と応用 ……… 53

- 1 コヒーレント光 ……… 54
- 2 ビームの拡がり① 距離とビーム径 ……… 56
- 3 ビームの拡がり② 共振器との関係 ……… 58
- 4 ビームの拡がり③ ビームの形状 ……… 62
- 5 偏光① 偏光の特徴 ……… 64
- 6 偏光② 偏光角度とブリュースター窓 ……… 66
- 7 縦モードと横モード ……… 68
- 8 ビームの品質 － M^2 ……… 73
- 9 レーザの明るさ① 光の単位 ……… 74
- 10 レーザの明るさ② 比視感度／照度換算／発光効率 ……… 78
- 11 パルスレーザ、連続発振レーザ ……… 82
- 12 Qスイッチ ……… 84
- 13 レーザの使用応用例① 距離や水準を測る ……… 86
- 14 レーザの使用応用例② 材料加工／データ通信 ……… 89

CONTENTS

第4章 半導体レーザのしくみ ……… 91

1 半導体レーザの構造① 発光材料 ……… 92
2 半導体レーザの構造② 発振原理 ……… 94
3 半導体レーザの構造③ ダブルヘテロ構造 ……… 96
4 半導体レーザの構造④ 量子井戸と光導波 ……… 98
5 半導体レーザの構造⑤ へき開／高周波発振 ……… 100
6 半導体レーザの構造⑥ ビーム形状 ……… 102
7 簡単な発振回路① 初歩的な回路 ……… 104
8 簡単な発振回路② 電流制御回路 ……… 106
9 簡単な発振回路③ パルス回路 ……… 108
10 発光ダイオードとの違い① LEDの基本構造 ……… 110
11 発光ダイオードとの違い② LEDの発光原理 ……… 112
12 発光ダイオードとの違い③ 光の性質 ……… 114
13 半導体レーザ製品の分類 ……… 118
14 青色半導体レーザ ……… 121

第5章 身の回りの半導体レーザ ……… 123

1 レーザポインタ／ドアセンサ ……… 124
2 CDピックアップ ……… 126
3 DVDピックアップ ……… 130

しくみ図解
半導体レーザが
一番わかる
目次

- 4 ブルーレイディスク・ピックアップ ……… 132
- 5 プリンタ光源 ……… 134
- 6 光ファイバ通信① 光通信の特徴 ……… 136
- 7 光ファイバ通信② 光ファイバの原理 ……… 138
- 8 光ファイバ通信③ モードとモード分散 ……… 140
- 9 その他の活用例　レーザ治療器／溶接機／測定器 ……… 143

第6章 半導体レーザ部品の性能を見る ……… 145

- 1 市販製品のデータシートを読む① 外観と概要 ……… 146
- 2 市販製品のデータシートを読む② 電気的光学的特性 ……… 150
- 3 代表的な形状と冷却対策 ……… 154
- 4 半導体レーザの安全性 ……… 156

第7章 半導体レーザを使う ……… 159

- 1 レーザを発振させる ……… 160
- 2 レーザ光を拡げる・集光させる ……… 165
- 3 レーザ光を走査させる ……… 166
- 4 レーザ光をファイバで導く ……… 168
- 5 レーザをストロボとして使う ……… 170

しくみ図解
半導体レーザが一番わかる 目次

CONTENTS

- 6 半導体レーザを使ったシステム① 変位計・距離センサ ･･･････172
- 7 半導体レーザを使ったシステム② 位置合わせレーザ ･･･････175
- 8 半導体レーザを使ったシステム③ 物体測定/検知センサ ･･････176
- 9 半導体レーザを使ったシステム④ 熱源装置/照明用アクセサリ ･･178
- 10 半導体レーザを使ったシステム⑤ 光通信装置 ･･･････182
- 11 半導体レーザを使ったシステム⑥ 特殊撮影光源 ･･･････185

Column レーザの安全基準 ･･･････158
　　　　　スペックルとは･･･････181

写真および資料ご提供/参考文献 ･･･････187
用語索引 ･･･････188

第1章

半導体レーザの特徴

私たちの身の回りにあふれてきたレーザ。身近になったレーザは
半導体レーザの恩恵に負うところが少なくありません。
半導体レーザとはどんなものか、
本章ではその特徴をかいつまんで紹介したいと思います。

1-1 半導体レーザとは

　半導体レーザは、近年急速な進歩を遂げているレーザで、レーザダイオード（Laser Diode：LD）とも呼ばれています。小型で取扱いが容易なことから、身の回りの多くの製品に使われています。身近なところでは、CDプレイヤー、DVDプレイヤー、家庭用ゲーム機、スーパーマーケットなどのレジにあるバーコードリーダ、レーザポインタ、レーザ測距装置、レーザプリンタ、光通信光源などに使われています。また、レーザそのものを発振させるための励起光源として、コンパクトで使いやすい半導体レーザが使われています。

●光ファイバ通信にも半導体レーザが必須

　半導体レーザの外観を見る限り、その形状は通常我々が抱く電球のイメージとは異なり、半導体素子そのもののようにも感じられます。

　半導体レーザは、早くから熱心な研究が続けられてきました。YAGなども含めた、レーザ全体のカテゴリーを見わたすと、半導体レーザは驚くほどコンパクトで使い勝手がよいのです。したがってレーザが使われる応用分野では、従来のレーザに代えて半導体レーザに置き換える趨勢が続いていました。

　しかし半導体レーザは赤外域から可視光への発振波長の進展が思うようにいかず、また、常温での連続発振が難しいことや大出力化の問題、耐久性の課題があって実用化までに長い道のりがありました。そうした問題も、半導体製造技術の急速な発展とともに品質のよいレーザが作られるようになり、いまでは可視光レーザ、高安定出力、大出力レーザができるようになりました。

　半導体レーザの最も大きな功績は、1980年代前半のCD（コンパクトディスク）の製品化と光ファイバによる光通信分野の発展です。この両者で半導体レーザはその威力をいかんなく発揮しました。半導体レーザの開発がなければCDの市販化はほど遠いものだったといえるでしょう。

図1-1-1に示した半導体素子が、半導体レーザです。

半導体レーザは、四角い形状のものと山高帽子のような形状の2つに大別できます。大きさは数ミリ程度から数十ミリ程度ですが出力の大きいものではこれよりも大きいものもあります。発熱と静電気対策の関係上、外観はメタル素材で蔽われています。

こんな小さい素子から強いレーザ光が発振されるのです。この小さい半導体素子の秘められたパワーをこれから探っていきましょう。

図 1-1-1　いろいろなタイプの半導体レーザ

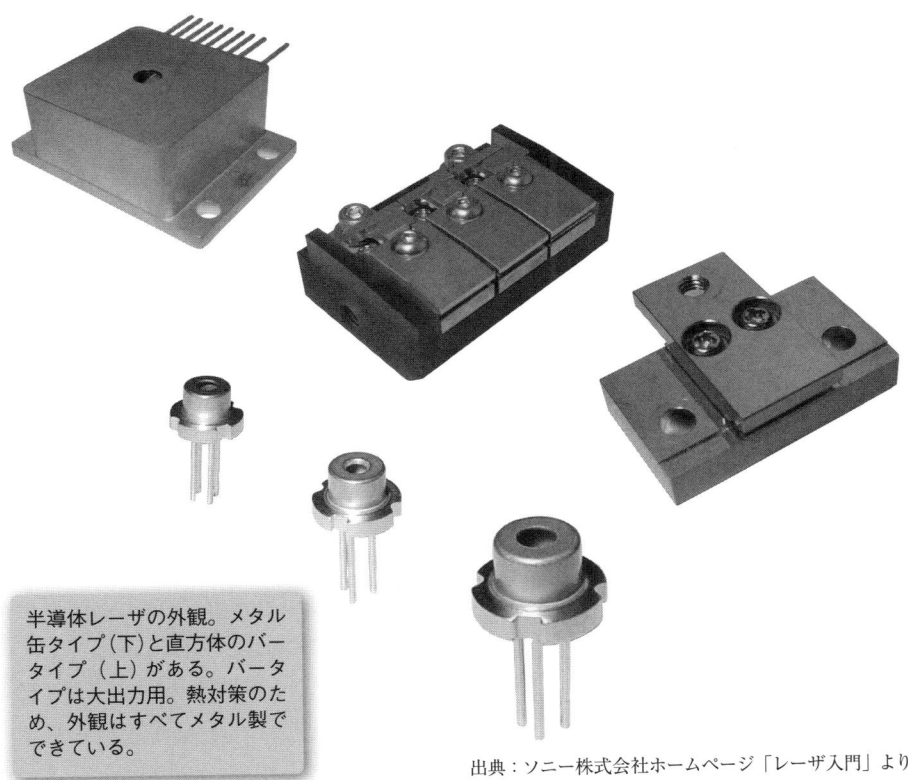

半導体レーザの外観。メタル缶タイプ（下）と直方体のバータイプ（上）がある。バータイプは大出力用。熱対策のため、外観はすべてメタル製でできている。

出典：ソニー株式会社ホームページ「レーザ入門」より

1-2 光源としての半導体レーザの特徴 ①
単一波長／直進性

　はじめに半導体レーザの、ほかの光源では得られない大きな特徴を紹介しておきましょう。この光源はレーザですから、当然レーザの特徴を持っています。レーザそのものの詳しい説明は第2章に譲るとして、ここでは"半導体"レーザの特徴を、レーザ以外の光源と比べて述べることにします。

●単一波長である

　近年注目を集めている発光ダイオード（LED）もそうですが、半導体レーザの光は「単一波長の発光」です。単一波長とは発光する色が限られているもので、「発振波長650nm」とうたわれた半導体レーザは、その波長の光しか発振しません。単に赤い光というだけでなく赤色を発する波長の、それも限られた波長での発光となります。極めて狭い発光波長分布が半導体レーザの特徴で、この波長分布は発光ダイオードよりも狭いものとなっています。

　狭い発光波長は、ほかの光と区別がつきやすいという特徴があります。また、光学装置を組む場合、レンズの色収差などに煩わされることなく単一波長での光学設計を行えばよいので、計測装置としての精度が向上します。図1-2-2に3種類の光源の発光特性を示しました。半導体レーザがいかに狭い範囲の発光をしているかがわかると思います。

図1-2-1　半導体レーザ7つの特徴

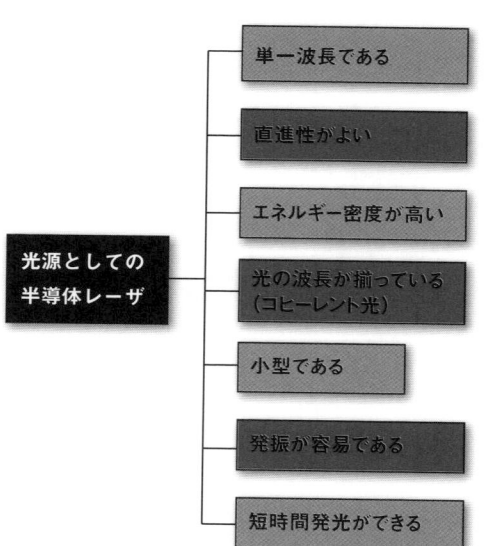

図 1-2-2　半導体レーザの単一波長

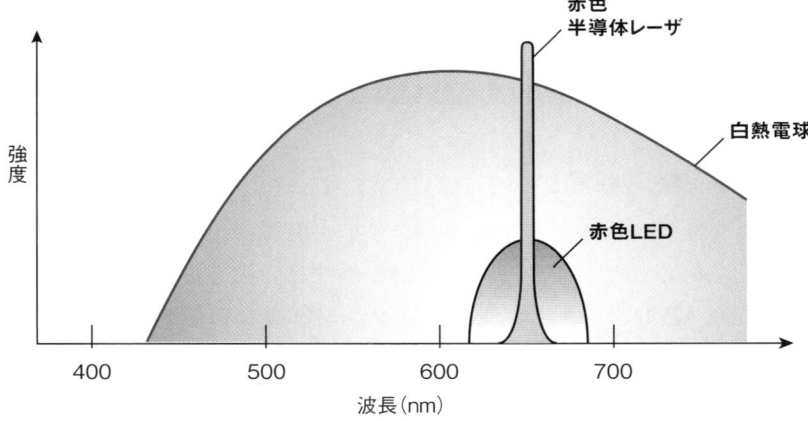

●直進性がよい

　レーザの特徴は「光の直進性がよい」ことです。細い光が糸のようにまっすぐ伸びて進みます。ほかの光源ではこのような光を作ることはできません。半導体レーザでは白熱電球に比べて光の直進性が顕著に表れます。地球から月までレーザ光を送り、その反射光を受けて地球から月までの距離を測っている事例があることからも、レーザ光の直進性がよいことが理解できます。ただ、半導体レーザはほかのレーザに比べると構造上それほど遠くにとばすことができず、拡がる度合いも大きくなります。光の直進性を利用した半導体レーザ製品には、レーザポインタやレーザマーカー、レーザ測距装置などがあります。

図 1-2-3
半導体レーザの直進性

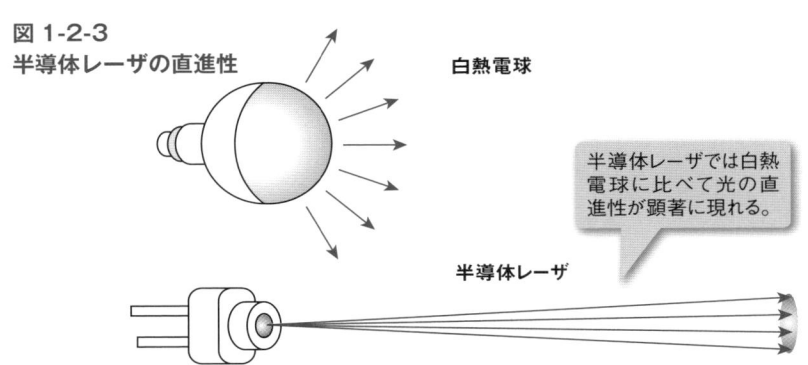

1-3 光源としての半導体レーザの特徴②
エネルギー密度／コヒーレント光

●エネルギー密度が高い

　レーザはまた「エネルギー密度が高い」のが特徴です。この特徴を利用して熱源として使われています。レーザ溶接機などの大きな熱を必要とする分野から、CD、DVD、ブルーレイディスク、MOなどの微小面の熱処理にも利用されています。

　図1-3-1に、太陽光の光を集光させた場合のエネルギー量と20Wの半導体レーザの集光エネルギーの比較をしてみました。太陽光をφ80mmの虫メガネで集光させるとφ3mmのスポットに3Wの太陽光エネルギーが集光します。これでも紙が燃えてしまうほどのエネルギーを持っています。半導体レーザでは、太陽光よりもさらに小さくビームを絞り込むことができ、φ100μmのビームに20Wのレーザ光が集光すると太陽光のそれより6,000倍のエネルギー密度となります。紙などはもとより、樹脂や金属をも溶かす力を持つことになります。太陽光の光を単に集めただけでは金属を溶かすことは無理ですが、レーザ光ならそれが可能になります。それだけレーザ光はエネルギー密度が高いことを教えてくれています。

図 1-3-1　半導体レーザと太陽光のエネルギー密度

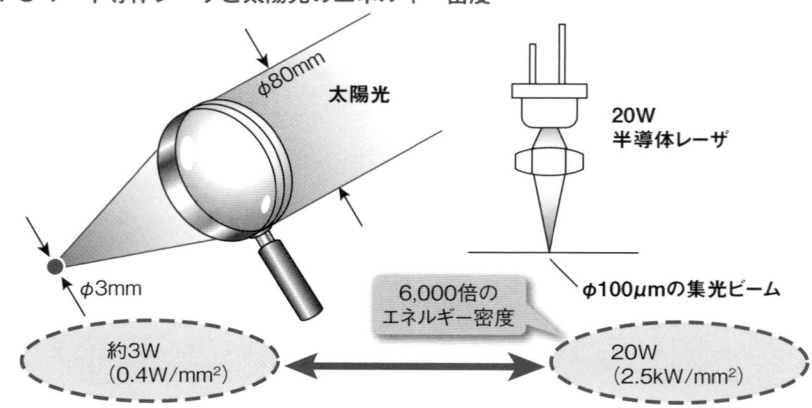

●光の波長が揃っている(コヒーレント光)

　半導体レーザに限らず、レーザの大きな特徴に「光の波長が揃って発光する」という性質があります。波長が揃うことを、位相が揃うとかコヒーレントな光といいますが、通常の光では絶対あり得ないものです。レーザだからできることです。ですから、コヒーレントな光であるレーザ光は人類が作り出した光ということがいえます。

　光の波長や位相が揃った(コヒーレントな)光には、どのような恩恵があるのでしょうか。光(波長)の強弱が揃っているため、波長の山と谷を光学装置を使って目に見える形で表すことができます。これは干渉縞という形で現れますが、この干渉縞を測定することにより、光の波長レベルでの長さの測定ができるようになります。この特徴は光学測定に大きな光明をもたらしました。現在の光学測定装置でナノメータ単位の測定を行うものでは、レーザのこの性質がいかんなく発揮されています。

図 1-3-2　コヒーレントな光

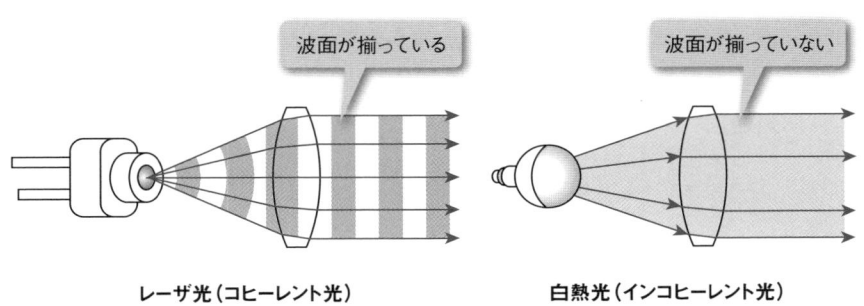

　ちなみに、自然界にはコヒーレント光は存在しません。人が作り出したレーザ光だからできたことです。コヒーレント光は、レーザの発振原理を知ることによりより深く理解できます。光が波であること、そして、光を光学的に封じ込めて共振させてレーザを発振させることから、位相の揃った光ができるのです。

1-4 光源としての半導体レーザの特徴③
小型／容易な発振／短時間発光

●小型である

「小型である」ことも半導体レーザの大きな特徴です。レーザが小型化されたことによりレーザの応用が拡がりました。小型化の一番の恩恵は、音楽や映画用の記録装置であるCD/DVD装置です。半導体レーザの開発なくしてこれらの装置の市販化はあり得ませんでした。CDと同時期に開発されたLaser Discには、ヘリウムネオンレーザというガスレーザが使われていました（図1-4-1参照）。このレーザだけでも20～50万円もするものでした。またガスレーザですからガラスチューブを使った真空管構造のものでした。製品価格も当然高価で、半導体レーザが使えるようになってはじめて、絵の出るLaserDiscも普及を見るようになりました。CD/DVDの開発には半導体レーザが必要不可欠なものでした。ブルーレイディスクは青色半導体レーザの開発を待って製品化されたともいえるくらいの大切なものでした。

小型になったレーザの恩恵にあずかった分野として、このほかにレーザプリンタや光通信、計測装置などが挙げられます。

図1-4-1 ガスレーザ（LaserDisc）との比較

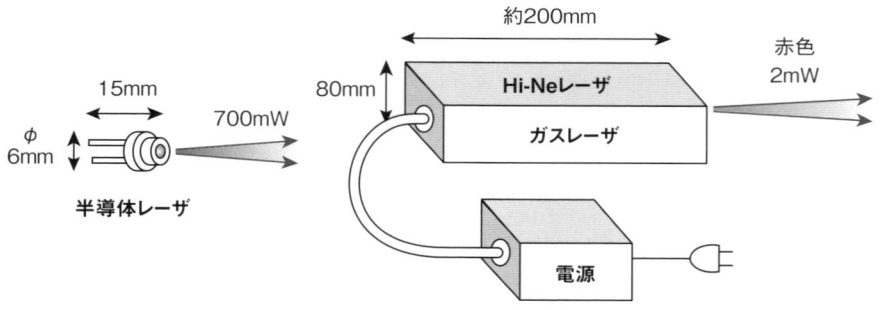

●発振が簡単である

半導体レーザは「低電圧でレーザ発振を行う」ことができます。発光ダイ

オードと同じで、乾電池でレーザ発振を行うことができます。この簡便さが多くの応用機器に使われる理由となっています。ほかのレーザ、例えばアルゴンイオンレーザは、3相200Vという工場用の電源設備を確保して、水道水による冷却設備を施さなければなりません。金属蒸気レーザは金属が溶けて蒸気を発するまでに1時間近くかかりました。こうしたレーザの仲間に比べて、半導体レーザは取扱いが簡単で発振が即座にできました。この特徴は装置の携行性、小型化に威力を発揮しました。

●短時間発光ができる

　半導体レーザは「パルス発光」を得意としています。パルス発光とはフラッシュ光源のような短い発光をするもので、1秒間に何発も発光するストロボ発光よりもっと高速の発光ができます。その発光回数は1秒間に10億回以上（ギガヘルツ帯域）にも及びます。この利点が光通信に応用されました。光通信がギガヘルツで行われているのは、半導体レーザの高速応答発光（パルス発光）の恩恵によるところが大なのです。図1-4-2にパルス発光の概念を示しました。電気信号（パルス信号）によってパルス光が発生し、パルス光を通信データとして使っています。

　また、半導体レーザは、光ファイバとの相性もよく、光通信に使われる光ファイバに効率よく接続して長距離を伝送することができました。半導体レーザの発明がなかったら現在の光通信社会はもっと遠い先のことになっていたことでしょう。

図 1-4-2　パルス発光の概念

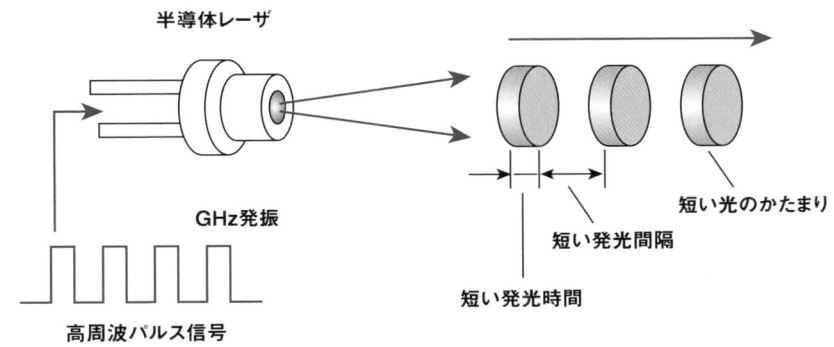

1-5 ほかのレーザと比べた特色は?

　レーザにはたくさんの種類があります。半導体レーザはほかのレーザと比べてどのような特色があるのでしょうか。前節に述べた半導体レーザそのものの特徴と重複する部分もありますが、ここではほかのレーザと比べた場合の半導体レーザの特徴をまとめておくことにします。

図 1-5-1　レーザの種類

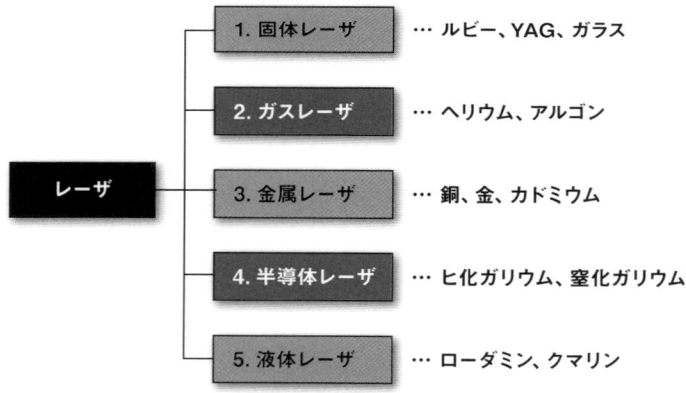

●小型である

　半導体レーザとほかのレーザを比べてみて一番の大きな特徴は、コンパクトであることです。ほかのレーザではレーザヘッド部（発振部）がひと抱えもあったり、電源部が大きなものだったりしますが、半導体レーザはトランジスタ並の大きさです。この特徴が大きな付加価値を生み、いろいろな用途に使われるようになりました。CD、DVD、ブルーレイディスクの光ディスクと、光ファイバによる通信機器は、半導体レーザのコンパクトさによる恩恵を十分に受けたものです。

●省電力である

　レーザの発振はそもそも効率の悪いものなのですが、半導体レーザでは乾電池程度の電源でレーザ光を得ることができます。この特徴も半導体レーザの大きな特徴です。He-Ne（ヘリウムネオン）レーザという赤色のレーザ発光をするガスレーザは、10mW 程度のレーザ光を出すのに 100VAC で 4A 程度の電力を必要としていました。効率からいうとこのガスレーザは電力の 0.003％しか光として取り出すことができません。半導体レーザでは、2.0VDC、20mA の電力で 10mW の光を得ることができます。25％の効率です。半導体レーザの発振の効率がよいのは、半導体素子を分子レベルで製造できるようになったことと、半導体素子の中で光を封じ込めて効率よくレーザ発振できる半導体構造が確立されたからです。

●発振が容易である

　多くのレーザは、レーザ発振までに暖気時間や冷却設備の準備が必要でした。半導体レーザは、電気を入れた瞬間から発光を始めます。これも半導体レーザの大きな特徴です。反面、半導体レーザは、小さくて電気的な応答がよい分だけ光出力の安定性に問題があったり、自ら発熱する熱によっても出力が不安定になるので注意が必要です。

●多種類の発振波長が可能

　レーザは、本来発光を受け持つ媒体で発振波長が決まります。ヘリウムネオンのガスレーザなら 632.8nm、アルゴンイオンレーザなら 511nm、YAG レーザなら 1.06μm という具合です。半導体レーザでは半導体の組成を変えてやるだけで、赤外から紫外まで幅広くレーザ発光を得ることができます。もちろん同一の半導体レーザで使用中にレーザ発光を自在に変えることはできませんが、半導体レーザの範疇でいろいろな発振波長のものが得られるのは、このレーザの特徴です。半導体レーザは、歴史的には赤外から発振に成功し、青色領域へ開発が進められました。半導体素子の特性上、赤外領域のほうが発振が行いやすく大出力のものが作られています。

1-6 半導体レーザ開発史

●半導体レーザの開発

　半導体レーザそのものの発想は、レーザ実現が間近になった初期の頃からあったそうです。1958年に、ショーロウ（Arthur L. Schawlow）とタウンズ（Charles H. Townes）がレーザを着想してその特許を申請する以前の1953年に、フォン・ノイマン（Johann Ludwig von Neumann：1903〜1957）は、友人に宛てて半導体中から誘導放出はできないか、そしてそれを増幅できないか、という議論をしています。比較的早い時期から半導体レーザの着想はあったようです。1957年には、日本の東北大学の西澤潤一博士が半導体を用いたメーザを着想し特許を申請します。この特許の中味には、現在の半導体レーザの原型、すなわち、半導体素子の基本原理であるpn接合面を使って、レーザ発振に必要な反転分布を形成することができ、結晶の「へき開」によって、レーザの共振条件が形成できるという原理が描かれてあったそうです。

　pn接合というのは、トランジスタやダイオードの根本的な構造で、この発明によってトランジスタを始めとした様々な半導体素子が作られました。へき開とは、分子レベル構造でのカッティングであり、ガラスをダイヤモンドカッターでケガキを入れて力を加えるときれいに割れるように、整然とした原子配列の構造では分子の並びに添ってカッティングができるというものです。このへき開面によって鏡面が形作られるようになりました。

　半導体レーザ誕生の瞬間は、最初のレーザの発明である「ルビーレーザ」の発振に遅れること2年の1962年に訪れます。驚くことに、この年に集中して、アメリカの4ヵ所から半導体レーザの発振成功の知らせがありました。その4ヵ所とは、

・GE社のロバート・ホール（Robert Hall :1962）
・IBMのネイサン（Marshall Nathan：1962）

・イリノイ大のホロニアック（Nick Holonyak：1962）
・MIT のレディカー（Robert Rediker：1962）

の4研究機関でした。これをみても、技術開発競争のすさまじさがわかります。ホロニアックは可視光の発光ダイオードの発明者としても有名で、半導体レーザでも可視光発振（650nm）を成功させました。

表1-6-1　半導体レーザの開発の略年表

	主なエポック	関連トピック
		メーザの着想 タウンズ（1951）
1953	半導体構造による誘導放出光アイデア フォン・ノイマン	
1957	半導体によるメーザの発想と特許 西澤潤一	
		レーザの特許申請 タウンズ、ショーロウ（1958）
		ルビーレーザの発振 メイマン（1960）
1961	発光ダイオードの開発（赤外） テキサスインスツルメンツ社	ヘリウムネオンレーザ ジャバン（1961）
1962	赤外半導体レーザの発振 ロバート・ホールら	実用的なレーザの開発
1962	可視光半導体レーザの発振 ホロニアク	
1963	ダブルヘテロ構造の提案 クレーマー	
1970	ダブルヘテロ構造の半導体レーザ製造 林厳雄ら	
	安定した半導体レーザの開発 CD、DVD への採用、光通信の成長	
1986	青色発光ダイオード 赤碕勇	

1・半導体レーザの特徴

●最初の発振

　当時半導体レーザは、普通の温度環境では発振できず、素子を77K（約−200℃、液体窒素冷却）の低温に冷やさなければなりませんでした。また、当時の半導体レーザは、連続で発振することもできず、単発のパルス発振でした。休み休みの発振だったわけです。発振が成功した当時の半導体の組成は、GaAs（ヒ化ガリウム）を用いたホモ接合でした。ホモ接合というのは、対語のヘテロ接合を区別してつけられた名前です。トランジスタができた当時に発明されたシリコンなどの同一素材だけを使ったpn接合はホモ接合です。時代が下り、異なる素材を使ったpn接合ができるようになるとこれをヘテロ接合と呼ぶようになりました。ヘテロ接合は、発光ダイオードと半導体レーザの開発にはなくてはならない接合法でした。

　発光ダイオードも半導体レーザも、使われた半導体材料は同じです。したがって、両者が発明されたときの発振波長は850nmの赤外発振でした。可視光による半導体レーザは1962年の終わりに発明されます。可視光発光ダイオードを発明したイリノイ大学のホロニアックが半導体レーザも同様の素材を使って完成させました。半導体の構造については第4章で詳しく触れます。

●半導体レーザの高効率化

　効率のよいレーザ発光を行うため、また光増幅を行いやすいように半導体内部で光を閉じこめる構造、つまり、ちょうど光ファイバの構造のような材料が求められていました。光を閉じこめる構造に対する解決策が、以下にも詳しく述べる「ダブルヘテロ構造」の発想と製造手法の発明でした。ダブルヘテロ構造というのは、ヘテロ構造を2つ重ね合わせたという意味です。ダブルヘテロ構造による半導体レーザは、1963年に、クレーマー（Herbert Kroemer）によって提案されますが、実用化となったのは7年後の1970年で、アメリカのベル電話機研究所の林厳雄博士（はやしいずお：1922～2005、東京大学卒、東大原子力研究所−マサチューセッツ工科大学−ベル電話機研究所−日本電気中央研究所−通産省工業技術院）と、ロシアのアルフェロフ（Zhores Ivanovich Alferov）の手によってなされました。この年に、ダブルヘテロ構造の半導体製造技術によって初めて、室温で、しかも連続で発振

する半導体レーザが開発されたのです。また同時期に「量子井戸構造」という発明もあって発振効率はさらに高まり、室温でも出力の高い半導体レーザができていきました。

こうした半導体技術の恩恵に預かって半導体レーザの性能は飛躍的に向上し、高出力、短波長発振へと改善が続けられました。

図 1-6-1 半導体レーザの開発テーマ

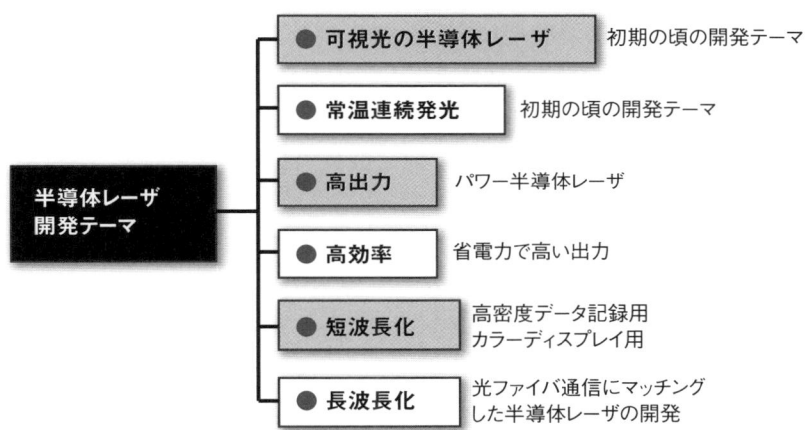

図1-6-1に、半導体レーザの開発における主なテーマを表にまとめました。半導体レーザは赤外発振から始まって、可視光領域での発振素子を開発し、常温でも連続して発振できる半導体構造が開発されていったことがわかります。

1-7 半導体レーザの性質

●結晶構造

　半導体レーザの半導体材料は、発光ダイオードと同じ素材を使っています。発光ダイオードが最初に開発された1961年に使われた半導体素材はGaAs（ヒ化ガリウム）であり、同じ材料を使って翌年半導体レーザができました。1962年、イリノイ大学のホロニアックは、GaP（リン化ガリウム）を使って650nmの発光ダイオード開発と、同じ波長の半導体レーザの発振に成功しています。

　半導体レーザの発光波長は、赤外発振から赤色域、青色域へと開発が進められました。発光ダイオードと異なり、半導体レーザでは、レーザ発振を行うため、発光面の両面をへき開（結晶面に沿って結晶を割り鏡面を作る）処理をして、発振条件を満たしています。また、レーザ発振を行うために必要な光の増幅部にあたる半導体結晶の中心部（活性層）は、光が全反射して外にもれないような、ちょうど光ファイバのように活性層とクラッド層（活性層を挟むp層、及びn層）の双方について屈折率を変えた構造になっています。この全反射の構造（光の閉じ込め）に、ダブルヘテロ構造がまことに都合がよかったのです。この構造で作られるレーザの発振キャビティ以外は、発振波長も取扱いも発光ダイオードとほとんど同じで、発光ダイオードのよさを引き継いでいます。

●レーザビームの拡がり

　半導体レーザは、構造上レーザ発振を司るキャビティ（光を発する半導体内部の活性層）を長く取ることができず、数μm～数十μmという狭い活性層から光が出てくるため、発振した光は回折によって平行に進まず、20°～40°の範囲で拡がります。

　レーザポインタは、半導体レーザにコリメータレンズを組み合わせたもので、3mほどの位置を指し示すのに都合よくできています。また、光通信で

使う光ファイバとの組み合わせでは、光ファイバの減衰特性や伝達特性によくマッチングするものが開発されたので、光通信には半導体レーザが非常によく使われています。

●高周波パルス発光

半導体レーザから射出される半導体レーザは、簡単な直流電源で連続発振することができ、また高速の繰り返しによるパルス発光も可能です。

●発振波長と価格

半導体レーザは、数千円の低価格のものから入手できます。市場に安価に出回っている半導体レーザは、本来は通信用、光ディスク用の光源のために赤外発光のものが多いので、購入に際しては発光波長を確認する必要があります。大出力レーザも、市場に出始めていますが、こちらは比較的高価です。可視光（$\lambda = 670 \sim 690$nm）では3W出力のものが市販されています。光通信用のものでは、変調周波数が50GHzまで可能です。

●半導体レーザの色

半導体レーザは、半導体材料の組み合わせで紫外光から赤外光まで幅広い範囲での発光ができます。希望する発光波長のレーザ光が得られるのが半導体レーザの大きな特徴です。

半導体レーザが最初に発明されたときの発光波長は850nm（GaAs素子）の赤外光でした。半導体レーザは、発光ダイオードとほぼ同時期に開発され、発光波長も発光ダイオードと同じような時間スケールで開発されてきました。つまり、新しい発光ダイオードができると、必然的に同じ発光波長を持った半導体レーザができるという状態にあったのです。

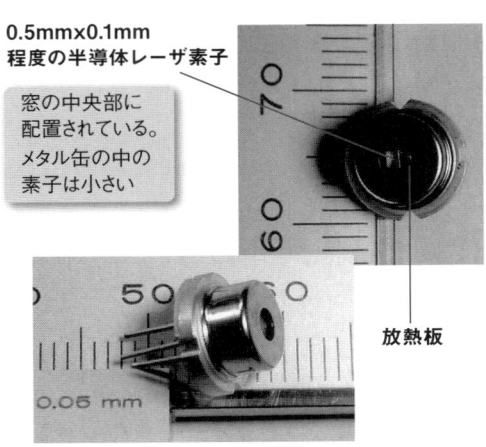

図 1-7-1　半導体レーザの外観

0.5mm×0.1mm程度の半導体レーザ素子

窓の中央部に配置されている。メタル缶の中の素子は小さい

放熱板

5mW 赤色半導体レーザ

1962年、半導体レーザが初めて発振に成功したときの発振波長（850nmの赤外発光）は、人間の目には見えません。可視光を出したくてもそれに適した半導体材料が作れなかったのです。同年の終わりになってイリノイ大学のホロニアックが650nmの赤色の半導体レーザの発振に成功します。このときに使用した半導体がリン化ガリウム（GaP）でした。可視光のレーザを出すには半導体材料の吟味が大切な要素でした。

こうして、緑や青色の発光ができる半導体材料の開発が進められていきました。緑色や青色のレーザ発光を作るには素材選びと実用化のための製造プロセスの確立が重要な課題でした。半導体レーザの素材は、図1-7-2に示されるように、元素記号表のⅢ族とⅤ族、それにⅥ族を中心としてⅡ族もしくはⅣ族の組み合わせで様々な発光色が作られました。こうした半導体素材の選択と結晶の成長プロセスの解明、それにともなう製造はとても重要な研究開発項目となりました。

青色領域の半導体レーザは、窒化ガリウム（GaN）で達成できることはよくわかっていましたが、その開発が難しかったのは製造が極めて困難だったからです。基板の上に窒化ガリウムの結晶をうまく生成できなかったのです。青色発光ダイオードは、1986年に赤碕勇先生が開発に成功して糸口をつかみ製品化に至りました。青色発光ダイオードの市販化により、ブルーレイディスクなどの高密度データ記録デバイスの道が開けました。

図1-7-2. 半導体レーザ素材の組み合わせ

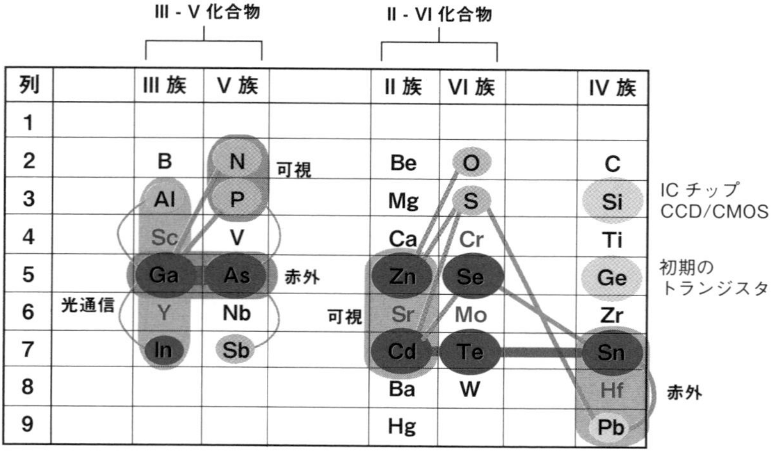

第2章

レーザの基礎知識Ⅰ
レーザの歴史と種類

本章では、レーザの発見とその発展について紹介します。
合わせて、現在までに作られたレーザの種類についても触れます。

2-1 レーザの発見と歴史

　アインシュタインの予言した、「光の誘導放出」理論（1916年ベルリン大学在職時代）を基本原理として、人類があみ出した新しい光が「レーザ」です。レーザ光は、光の「共振」と「増幅」による発振原理を利用しています。光の共振も、そして増幅も、光が位相を整えて放射される原理、「誘導放出」によって可能になりました。

「共振」、「増幅」、「誘導放出」

　この3つがレーザを知るためのキーワードです。レーザ（Laser）という名前は、上のキーワードである、LASER（ Light Amplification by Stimulated Emission Radiation：誘導放出光による光増幅）からきています。

図 2-1-1　レーザ発振の基本原理

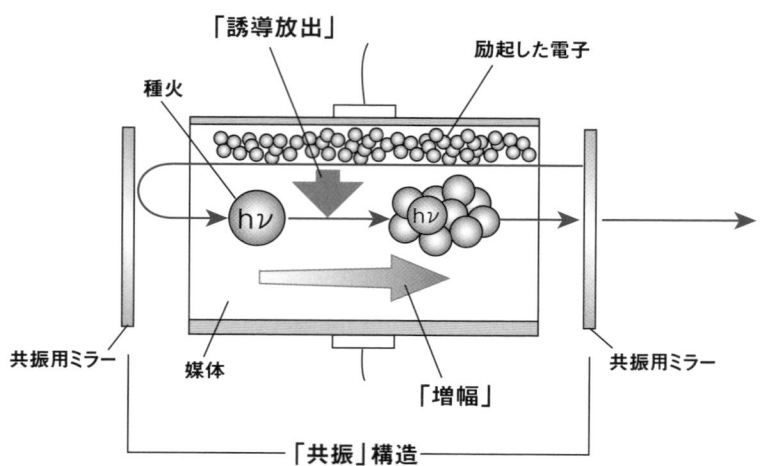

●レーザの発想

レーザの発明に至る過程を振り返ってみましょう。

最初に、ニューヨークコロンビア大学のタウンズ（Charles H. Townes：1915～）が光メーザの着想をしました。彼が36才の時で、1951年のことだそうです。タウンズは、アインシュタインが1916年に仮説を立て、その後50年も眠っていた「光の誘導放出」理論を呼び覚まし、マイクロ波による誘導放出理論（MASER：Microwave Amplification by Stimulated Emission of Radiation）を着想してレーザ開発の出発点となりました。

●メーザからレーザへ

タウンズと同じコロンビア大学で37才の学生だったゴードン・グールド（Gordon Gould：1920～2005）は、自分のノートにメーザよりも波長の短い光を使って光誘導放出を作り出す装置を考案し、この光をLASERと名付けました。レーザの名付け親は、大学生のグールドでした。

このようなレーザの着想があって後、実際にレーザが発振されたのは、1960年5月16日のことです。

●最初のレーザの発振はメイマン

タウンズ、ショーロウ、バソフ、プロコロフらの物理学者が、レーザを発振させる物質として、主に気体を考えて苦戦していたころ、固体物質によってレーザを発振させようと熱心に研究を続けていた若き電気工学研究者がいました。それが、アメリカ西海岸カリフォルニア州カリブにあるヒューズエアクラフト（Hughes Aircraft）社軍用エレクトロニクス研究所のセオドア・H・メイマン（Theodore H. Maiman：1927～）だったのです。

当時、タウンズの光共振発光理論にもとづいてレーザを発振させる試みは、今まで述べた学者のほかにもいたる所で始められていました。これは、誰が一番初めにレーザの発振に成功するかという、一種のレースのようなものでした。こうした激しい競争のなかにあって、レーザ発振競争に勝ったのがヒューズエアクラフト社のメイマンだったのです。

図 2-1-2　キセノンフラッシュ光励起によるルビーレーザ装置

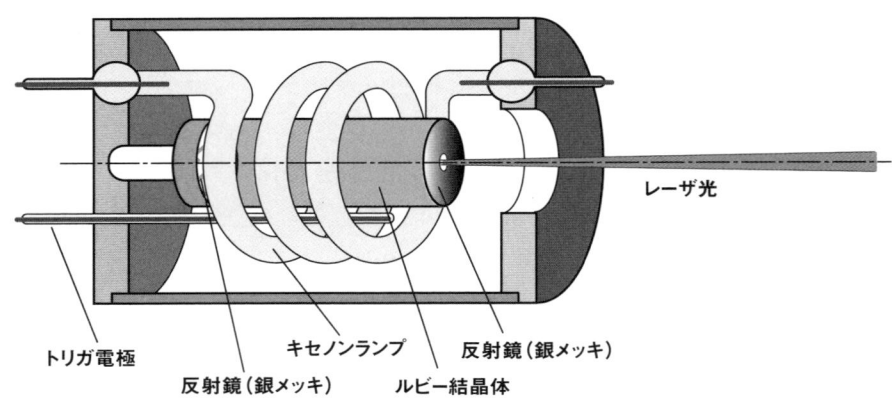

図 2-1-3　最初のレーザ (発光部)

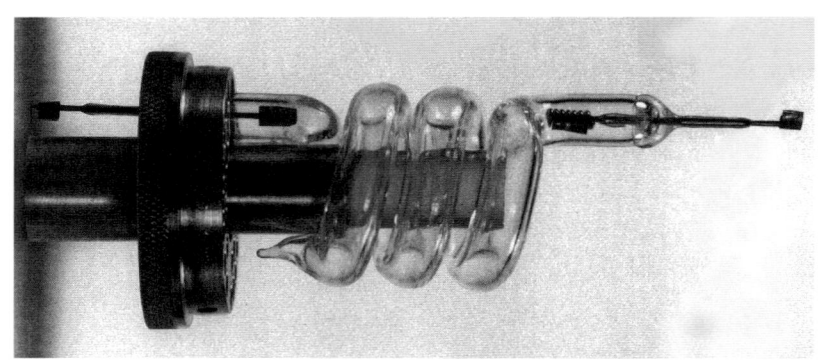

●キセノンフラッシュに着目

　メイマンは、軍用エレクトロニクス研究所で、エネルギー準位が各種気体に比べより単純な（準位の数が 3 〜 4 と少ない）固体を選んでレーザ現象を実現しようと挑戦していました。酸化アルミニウムを基本組成とする宝石のルビーを対象にして、その結晶の中のクロムイオン（+ 3 価）を励起させるに足る光エネルギー源として、螺旋状のキセノンフラッシュランプをゼネラル・エレクトリック（GE）社から入手しました（図 2-1-2 の螺旋状のガラス管）。

そして、人工ルビー結晶の両端を平滑に研磨し、銀メッキを施した後、光の共振条件であるファブリ・ペローの光学配置を施しました。その出力側の面に透過用の小さい孔を設け電気を流したところ、ピンク色のレーザが出ました。世の中で初めてのレーザの発振でした。

●軍事技術を活用

　メイマンは、GE社製の螺旋式キセノンバルブを励起光源として流用しました。このキセノンバルブは、FT-506というタイプで、900Vで1,000ワット秒（J）の発光能力を持っていました。このランプは軍需用のもので、偵察機に搭載して夜間撮影用ストロボとして使われていたものです。

　ランプの管形状が螺旋形状をしていたので、その中にルビーロッドを入れると効率よくロッドを照射することができました。もともと、ランプをくるくる丸めて螺旋型とするのは、光量をかせぎたい大光量のランプに使われる方法です。そのクルクルと巻かれた螺旋形状がルビーロッドを埋め込むのにまことに都合がよかったのです。しかし、そのキセノンランプを使ってもルビーをレーザ発振することは容易なことではなく、ときには定格以上の発光を必要として1,500ワット秒での発光も余儀なくされ、そのために、キセノンランプの著しい寿命低下を招いていたといわれています。

●その後のレーザ開発ラッシュ

　歴史とは面白いもので、トランジスタの発明といいレーザの発明といい、発表された当時は、それが歴史的な発明にもかかわらず、それほどの扱いを受けませんでした。アメリカの物理学会誌「フィジカル・レビュー」は、この研究論文の掲載を却下し、英国の伝統ある物理学会誌「ネイチャー」においても300語たらずの紹介に終始したのです。

　メイマンがルビーレーザを発明した同じ年の1960年には、ベル研究所のジャバン（A.Javan）が、ヘリウムネオンのガスを使ってレーザ発振に成功しています。その翌年の1961年には、ヘルワース（Hellwarth）らによって、エネルギーを十分に蓄えてから瞬間的に放出するQスイッチが発明され、これにより、強力なパルス光を発生するジャイアントパルスレーザが開発されました。

2-2 レーザ発振のメカニズム ①
誘導放出

レーザの発振のメカニズムについて順を追って説明します。

● **誘導放出**

誘導放出というのは、ある種火（特定の波長）がある条件の整った媒質に入ると、その種火に反応して同じタイミングで同じ波長の光が出る、というものです。

同じタイミングで同じ波長の光が出るので、単一波長で、かつ、位相の揃った光が放出されます。この性質を持つ光をコヒーレント（coherent）な光といいます。種火が媒質に入ったとき、それがどんどん増長して大きなエネルギーの塊にならないと、光として外に出ることができません。種火がその媒質に入ると、吸収も同時に起きます。その吸収は、媒質のなかで電子の準位

図 2-2-1 誘導放出光の原理

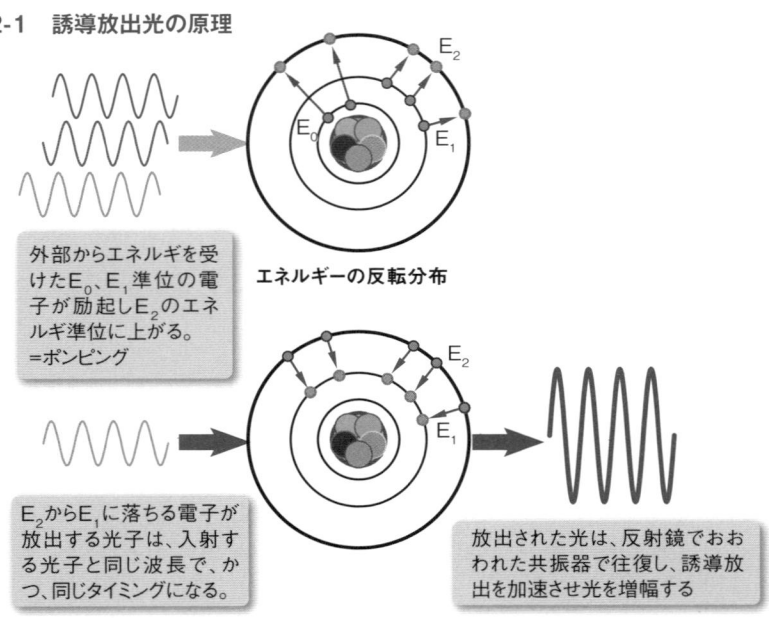

を高めるのに使われます。光が入射した媒質の中では、光の吸収と同時に準位の高いエネルギーからの光の放出も促されます。このとき、放出される光が入射した光よりも上回るとき光の増幅条件が整います。放出される光が多くなるには、媒質の中に放出するに足るだけのエネルギーが貯まっていなくてはならず、言葉を変えていえば、エネルギー準位の高い状態を作っておいてやらねばなりません。図2-2-2は窒素（N_2）と二酸化炭素（CO_2）の励起と誘導放出のメカニズムを示しています。誘導放出は、分子を形成する電子のエネルギー準位で起きていることがわかります。

エネルギー準位が高められた状態を、エネルギーの反転分布といいます。この状態を作ることを、井戸水の水を汲み上げるのに見立ててポンピング（pumping）と呼んでいます。

ポンピングには、以下の方法があります。
・外部から励起光を入れる（光ポンピング）
・放電による電子エネルギーを媒質中のガス原子に与えて励起を促す
・半導体内部の電子の流れによって半導体の「価電子帯」に電子を送り込む（電子ポンピング）
・化学反応を利用する

図2-2-2　単一波長発振の原理

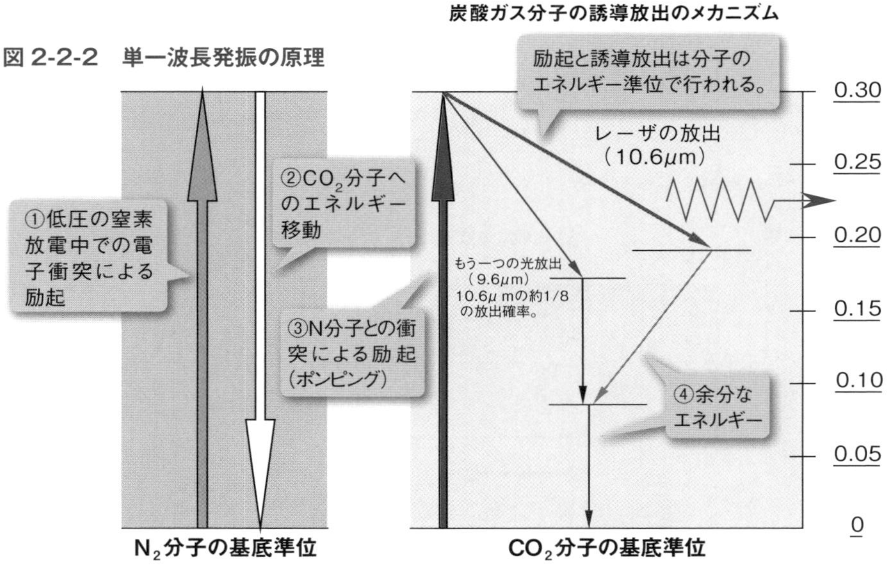

炭酸ガス分子の誘導放出のメカニズム

①低圧の窒素放電中での電子衝突による励起
②CO_2分子へのエネルギー移動
③N分子との衝突による励起（ポンピング）

励起と誘導放出は分子のエネルギー準位で行われる。

レーザの放出（10.6μm）

もう一つの光放出（9.6μm）
10.6μmの約1/8の放出確率。

④余分なエネルギー

N_2分子の基底準位　　　CO_2分子の基底準位

0.30
0.25
0.20
0.15
0.10
0.05
0

2-3 レーザ発振のメカニズム ②
共振器

　誘導放出された光は、さらに光を強めねばなりません。レーザのキャビティ（共振器）は、すべて両端に精度のよい反射鏡を配置して、誘導による放出光を再び媒質の中に戻す構造となっています。つまり、自らの光で再び同類の光を呼び出して、増幅を重ねるという手法をとっているのです。反射鏡は、我々が一般に使っているような鏡ではとても役にたたず、この程度のミラーではレーザ発振は行えません。その理由は、鏡面での損失が大きいからです。キャビティを構成する反射鏡は、反射率を理想的な値にまで上げてこれを両端に設置し、光を往復させても光が拡がらず両端で光を閉じこめる条件を整えることが必要です。この観点から、共振器は単に平面鏡を利用するよりも凹面鏡を使って光を閉じこめやすいように工夫したものが一般的です（詳細は58ページを参照）。

　ミラーは、光学ガラスを高度に研磨し、その上にレーザ波長の1/4の厚さに酸化セシウムなどの誘電体を交互に多層膜として蒸着したものが用いられます。レーザ光学部品では、この1/4波長をよく用います。その理由は、意図する波長を取り出す必要上その部品面での損失を低く抑えるために干渉を利用するからです。1/4波長は、入射と反射で1/2波長分になり位相が反転

図2-3-1　光発振器の概念

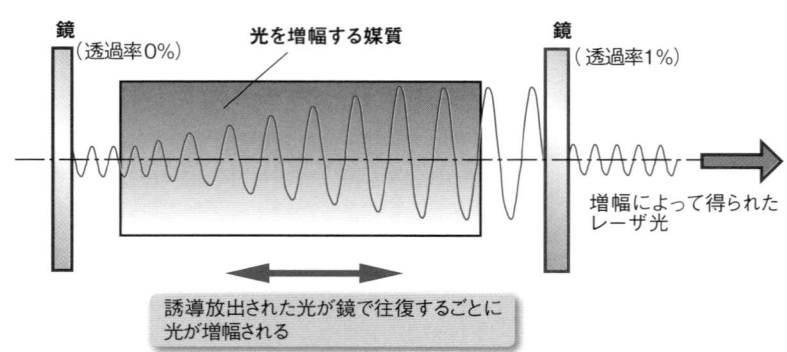

して弱められるのです。

　反射鏡の形状は、平面鏡や凹型球面鏡などがあり、光を理想の形で封じ込める設計がなされています。

●透過率の異なる2枚の鏡で光を増幅

　こうして両端を鏡で覆って、キャビティ内部で光を封じ込めながらどんどん光を増やしていって光増幅を行い、最終的には増幅した光を外に取り出さなくてはなりません。増幅した光を取り出すために、鏡には工夫が施されています。つまり、一方の鏡は100％反射の鏡を使い、反対の鏡はほんの少しだけ光を透過する鏡を使います（図2-3-1）。その透過率をaとしますと、その鏡の反射率は、$1-a$となります。例えばaを0.01（1％）とすると99％反射の鏡となります。レーザ光を取り出す側の鏡は1％だけ光が外に出るようになります。ただ、すべてのレーザの反射鏡が1％の透過率を持たせているかというとそうではなく、レーザの発振する媒質のゲイン（増幅しやすい度合い）によって変わります。

　レーザの発振には、

（鏡の反射率R）×（レーザ媒質のゲインG）≫ 1

という条件が成立しなくてはなりません。鏡の反射率R（$1-a$：aは透過率）は、鏡自体の反射率のほかに鏡の損失も考慮しなければなりません。ヘリウムネオンレーザのように、光の増幅が小さい（ゲインが小さい）ものでは、透過率aを小さくして、内部での反射を大きくしなければなりません。逆に炭酸ガスレーザや銅蒸気レーザのように光の増幅度が大きい媒質（ゲインが大きいもの）では、aを大きくしてたくさんのレーザ光が取り出せるようにしています。aの大きいレーザは発振しやすいレーザということができ、効率のよいレーザといえます。

　こうして誘導放出された光は、精度よく研磨したミラーによってキャビティ内部で反射を繰り返して（増幅を繰り返して）、そのうちの透過率a分の光が外部に放射されるようになります。

2-4 レーザ発振のメカニズム ③
媒質の性質

●光の増幅

　光の増幅について話が前後しますが、基本的なことをいえば媒質が長距離にわたって続き、その媒質が十分に反転分布の状態になっていれば、その媒質に入射した種火は誘導放出により増幅を繰り返し巨大な光エネルギーとなります。

　一般的には、媒質のスペースを長く取れないので、限られたスペースで両端に鏡を置いて共振器を構成します。両端の鏡で光が何度も往復し、見かけ上の媒質距離をかせぐためです。この共振器（キャビティ）内で発生した光が両端に設置された鏡によって、再び種火として媒質の中を通過し倍々ゲーム（ネズミ算）で同じ光（波長と位相の揃った光）を作っていきます。

　このようにして生まれた誘導放出光によるレーザは、波長と位相が揃ったものになるため、干渉性の高い単色光となります。

図 2-4-1　光増幅の概念

(a) シンプルな構造による誘導放出光の増幅

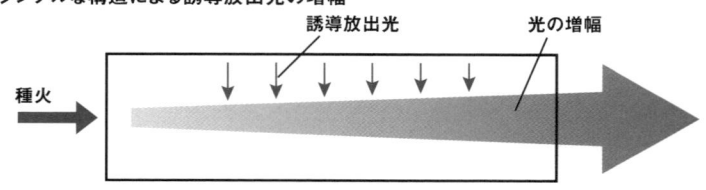

(b) 反射鏡による誘導放出光の増幅

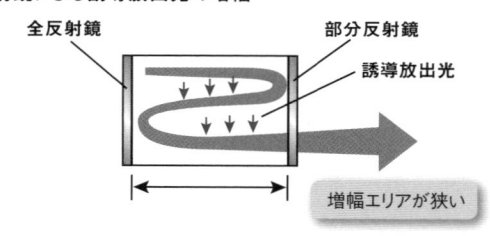

● 媒質（レーザ発振する材料）

　外部からエネルギーをもらって媒質の分子の電子が励起し、それが種火によって元の状態に戻るときにエネルギーを放出し、さらに波長の揃ったエネルギーを放出するのがレーザですから、レーザを発振させるための媒質は、この条件を満足していなくてはなりません。外部からエネルギーを受けて特定の波長だけを放出する元素や分子、はたまた、そうした材料を探すことからレーザの開発が行われました。

　媒質の代表的なものとして、以下のようなものがあります。

・固体では、ルビー、YAG（イットリウム・アルミニウム・ガーネット）、ガラスなど
・気体では、アルゴンやヘリウム、炭酸ガス、ハロゲンガス
・金属ではカドミウム、銅、金
・半導体レーザでは、ヒ化ガリウム、窒化ガリウムなどの結晶構造

　固体レーザでは、媒質はガラスやルビー、YAGなどの固体結晶（光が通るために透明な媒質）でできています。この媒質に対して外部から強い光（キセノンフラッシュや半導体レーザの赤外エネルギー）を与えて媒質を励起させます。ガスレーザの場合には、ヘリウム、アルゴン、炭酸ガスなどの気体分子を励起させるために、放電によってプラズマ状態を作り出しています。半導体レーザでは、pn接合の価電子帯と伝導帯構造が励起分布（反転分布）を作っています。

図2-4-2　レーザ発振器の媒質

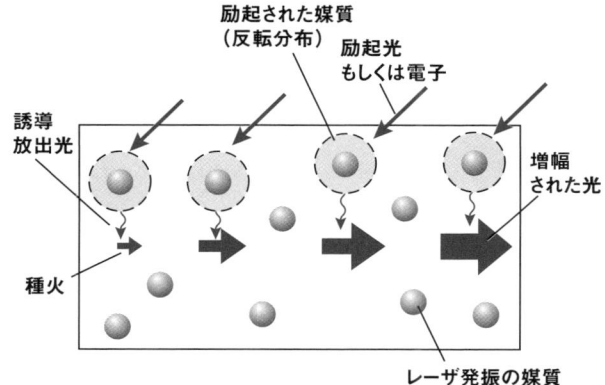

レーザ発振の媒質
He^+,Ar^+,YAG,Cu^+,GaAs,GaP,GaNなど

2-5 レーザの種類

　レーザには、いろいろなタイプのものがあります。誘導放出光によりレーザ発振ができることがわかって、いろいろな媒質を使って特徴あるレーザが開発されてきました。半導体レーザもこの仲間のひとつです。ここではレーザの種類と特徴を簡単に紹介したいと思います。

　レーザの仲間は大きく、

- ガスレーザ
- 固体レーザ
- 金属レーザ
- 半導体レーザ
- 液体レーザ

に分けられます。この表2-5-1を見ますと、レーザはいろいろなものから発振できることがわかります。先に説明したように、分子の周りを回る電子の準位エネルギーで特定の波長の誘導放出光が出るので、そうした条件を作りやすい媒体を探してレーザを開発していきました。

　分類されたレーザは、それぞれ特徴があります。出力の高いもの（炭酸ガスレーザ）や、強いパルス光を出すもの（ガラスレーザ、ルビーレーザ）、紫外線のレーザを出すもの（エキシマレーザ）、ビームクオリティが安定しているもの（ヘリウムネオンレーザ）など目的に応じて使われています。

　これらのカテゴリーの中で半導体レーザは、とくに小型・コンパクトで取扱いが容易なことから、使用条件が満たされるものであれば、先に開発されたレーザに置き換えられて使われることが多くなっています。

表 2-5-1　レーザの種類

分類	レーザ名	出力	発振波長	用途
ガスレーザ	ヘリウムネオンレーザ	10mW～100mW 連続	赤色 632.8nm	光軸アライメント調整 長さ測定
	アルゴンイオンレーザ	100mW～10W 連続	青～緑 マルチライン	光軸アライメント調整 レーザプリンタ 高速度カメラ光源
	炭酸ガスレーザ	1kW～50kW 連続	赤外 10.6μm	金属溶接、溶断、加工
	エキシマレーザ	1J～10J 低周波パルス	紫外 126nm～351nm	ポリマー微細加工、学術用光源
	窒素レーザ	～10mJ 単発パルス	紫外 337 nm	安価な紫外レーザ
固体レーザ	ルビーレーザ	100mJ～100J 単発パルス	赤 694.3nm	ホログラフィ
	YAGレーザ	10mJ～100J 高周波パルス、連続	赤 1.06μm	金属微細加工、学術用光源（LIF） 高速度カメラ光源
	ガラスレーザ	1 J～5000 J 単発パルス	赤外 1.06～1.08μm	ホログラフィ
	Nd（ネオジム）レーザ (Nd:YAG、YLF、YVO4、YAlO3)	100mW～8W 連続	1,064 nm 1,047 nm 1,053 nm	光軸アライメント、レーザ励起 微細加工、 ステージディスプレイ光源
	チタンサファイアレーザ	連続、パルス	660nm～1,180nm	可変波長レーザ
	ファイバレーザ	1W～2,000W 連続、パルス	1,050nm～1,620nm	長距離データ通信 高温加工
金属レーザ	ヘリウムカドミウムレーザ	10mW～50mW	青色 白色	医学用 レーザプリンタ用
	銅蒸気レーザ	10W～100W 高周波パルス	2波長 511nm、578 nm	高速度カメラ用ストロボ光源 ウラン濃縮ポンプレーザ 金属微細加工
	金蒸気レーザ	1W～3W	赤色	医学用、皮膚セラピー
半導体レーザ	半導体レーザ	1mW～100W 連続、パルス	赤外～紫外	通信、固体レーザ励起光源 高速度カメラ用光源、金属加工 レーザポインタ オプティカルピックアップ光源
液体レーザ	色素レーザ	パルス、連続	300nm～1,200 nm	可変長レーザ

2．レーザの基礎知識Ⅰ

2-6 ガスレーザ

　レーザの発振媒体に、ヘリウムネオン、アルゴンガス、炭酸ガスなどの気体を使ったレーザです。最も安定してレーザ品質もよかったので、1960年代から1990年代までレーザの中心的役割を果たしてきました。ガスレーザは、気体を放電などプラズマ状態にするとガス原子が励起しやすくなり、レーザ発振のための反転分布条件が整います。この状態で種火が入ってくるとそれに誘導されて光が放出され増幅作用によってレーザ発振するものです。

　図2-6-1は、ヘリウムネオンレーザの構造を示したもので、石英チューブ内を真空にしてヘリウムとネオンガスを封入させています。このチューブに高電圧を加えるとネオン放電が起き、同時にヘリウムも励起するようになります。石英チューブは高温になりますので、共振条件を作る鏡は石英チューブとは切り離して設置されます。出力の高いものは石英チューブを水冷によって冷やしています。

図2-6-1　典型的なガスレーザの構造

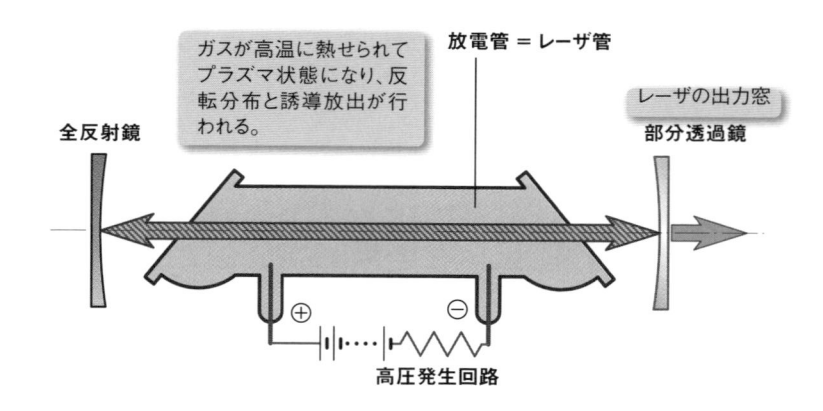

2-7 固体レーザ

　レーザの発振媒体に、ガラス、ルビー、YAGなどの固体結晶棒を使うレーザです。先に述べたガスレーザが、放電管中のガスの放電によって励起しレーザ発振するのに対し、固体レーザでは、外部から励起光を結晶ロッド中に照射して反転分布を作ってレーザ発振するものです。レーザが着想されて最初にレーザ発振に成功したのが固体レーザの中のルビーレーザでした。

　固体レーザとして世界で最初に発振したルビーレーザは、赤色（$\lambda =$ 694.3nm）のパルス発光でした。連続発光ではありません。ルビーは、発振ロッ

図 2-7-1　3準位レーザと4準位レーザのポンピング

比較的長い時間滞留しているエネルギー順位（約3ms）。
この間に誘導放出光に種火が入ると発振する。

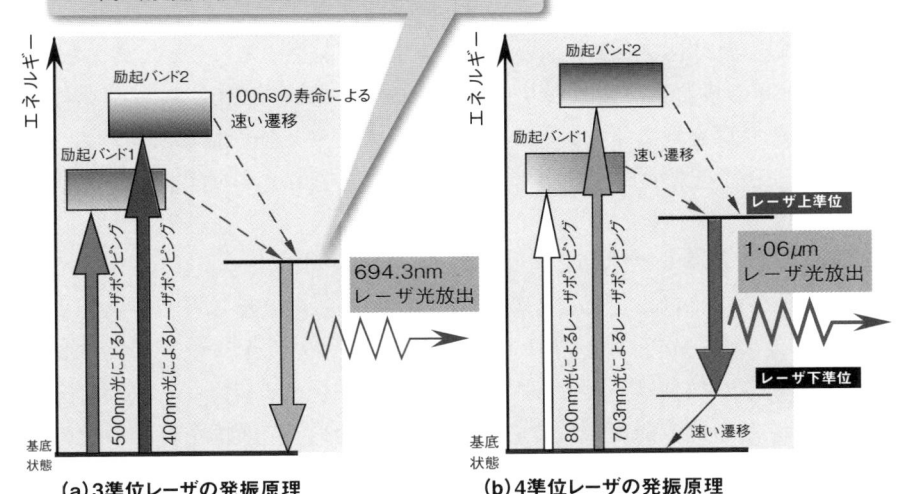

(a) 3準位レーザの発振原理
　　（ルビーレーザ）

基底状態にはたくさんの励起原子が存在し、
ここで誘導放出した光を吸収してしまうので
レーザ光としての放出量が少なくなる。
3準位レーザの効率の悪い原因である。

(b) 4準位レーザの発振原理
　　（Nd:YAGレーザ）

4準位レーザでは下準位が
基底準位でないため放出光の吸収が少なく
効率のよい発振ができる。

ドとしては決して条件がよいものではないため、現在では赤色で強いレーザ光が必要なとき以外は使われなくなっています。ルビーレーザに使われるルビーロッドは、自然界から産出される天然のものが使われることはなく、人工で作られます。天然石は、不純物が多く含まれていてレーザ発振には向かないのです。

● 3 準位レーザと 4 準位レーザ

　ルビーレーザは、励起のメカニズムの観点から 3 準位レーザと呼ばれています。YAG レーザが、4 準位レーザであるのに対して、3 準位レーザであるルビーレーザは、発振効率が悪いという特徴を持っています。3 準位の意味するところは、ポンピング光によって反転分布ができる準位と安定状態に達する準位、それに基底状態の準位の 3 つのエネルギー準位を表します（図 2-7-1(a) 参照）。

　3 準位レーザでは、レーザ光が基底状態とのエネルギー準位の差で光の誘導放出が起きる際に、発振されたレーザ光のすべてが外部に放出されず、一部は基底状態の原子を再び励起するのに使われて吸収されてしまうという問題があります。ですから、ポンピング光には、極めて強い光を使わないと発振できないのです。ルビー結晶は、さいわい熱伝導がよく熱に対して強いので、エネルギーの強いキセノンフラッシュを使ってもポンピングすることができました。

　YAG レーザの場合は、ルビーレーザと違って 4 準位であり、レーザ発振する準位が基底状態を取らずワンクッションおいたレーザ下準位になるため、基底状態にレーザ光を奪われず効率よい発振が可能となります（図 2-7-1(b) 参照）。

●大出力のガラスレーザ

　固体レーザの中には、このほかにガラスレーザと呼ばれるものがあります。大出力、パルスレーザとしての位置付けが強いレーザです。ほかの固体レーザでは、ロッドが結晶構造となっているのに対して、ガラスロッドは溶融して固めて作るため比較的簡単に作ることができます。光増幅を行いやすいため、複数のレーザを直列に並べて巨大なエネルギーを作り出す装置として使われています。大阪大学レーザ核融合研究センターで使われている巨大なレーザは、ガラスレーザです。ガラスレーザの材質は、珪酸ガラス（発振波長 = $1.062\,\mu m$）、リン酸ガラス（発振波長 = $1.054\,\mu m$）、石英ガラス（発振波長 = $1.080\,\mu m$）などで作られます。

2-8 固体レーザの仲間 ① YAGレーザ

　現在、固体レーザではYAGレーザが最もよく使われています。「ヤグレーザ」と発音します。YAGレーザのYAGとは$Y_3A_{l5}G_{12}$とも記し、イットリウム（Yttrium）、アルミニウム（Aluminum）、ガーネット（Garnet）の頭文字を取ったものです。YAGレーザは、ガーネット宝石のレーザです。

　YAGの母材にネオジムイオンを含ませたネオジムYAG（Nd：YAG、Neodymium doped Yttrium Aluminum Garnet、エヌディ・ヤグと発音）は、発光効率がよいので最もよく使われます。

　YAGレーザは、1960年に初めて発振されたルビーレーザと同じ固体レーザのカテゴリーに入り、ルビーレーザ発振の3年後に発振されました。YAGレーザの応用範囲は広く、材料加工、医療用、ホログラフィ、レーザライトシート光、LIF（レーザ励起蛍光法）、ラマン分光分析、アルゴンレーザの代替などの強いエネルギーを必要とする分野に使われています。

図2-8-1　固体レーザの基本構造

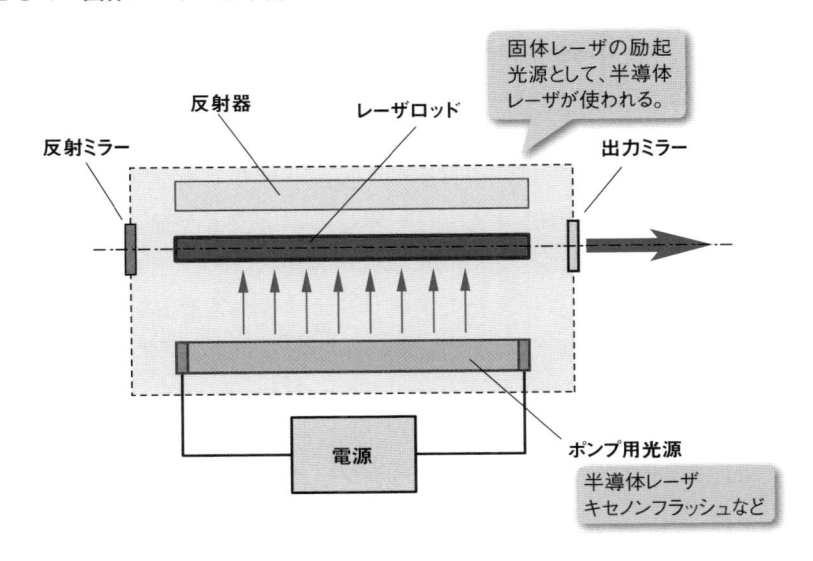

YAGと呼ばれるガーネット石は、レーザが着想された当初から有望な素材として注目され、いろいろなところで母材結晶が作られていました。YAGを使って最初のレーザ発振に成功したのが、ベル電話機研究所のガウシック（Joseph E. Geusic）でした。同年、RCAの研究所からもYAGを使ったレーザ発振の報告がなされています。

　YAGレーザは、YAGの結晶ロッド（ガラスの棒のようなもの）を共振キャビティとしています。YAGレーザの基本発振波長は、1,064nmの近赤外であるため、可視光にするために非線形光学素子を用いて高調波（基本発振波長の半分の532nmや3分の1の355nm）を得ています。固体レーザは、発振原子がガス原子ではなくガラス状のロッドを用いて、その中に散在している励起原子（これをゲストと呼んでいる）に強い光を照射させ、ゲストのプラスイオンを励起させてレーザ発振を得ています。

　YAGレーザは、本来的にはパルスレーザとしての性格が強く、コヒーレント性、パルスエネルギーの大きさ、ダイバージェンス（拡がり）性能、使い勝手がルビーレーザ、ガラスレーザなどの同種の固体レーザに比べ優れているため、固体レーザといえばYAGレーザを指すことが多くなっています。YAGレーザは、基本的にはパルス発振ですが、強い連続光源（キセノンランプや半導体レーザ）を用いれば連続発振が可能です。

●YAGレーザに使われる半導体レーザ

　YAGを励起させる光源には、キセノンフラッシュランプや水銀灯、クリプトン連続ランプ、半導体レーザなどが使われます。連続発振するYAGレーザでは、非線形光学結晶を用いて可視光の連続光が得られるので、ガスレーザであるアルゴンレーザからYAGレーザへの置き換えが進んでいます。その理由は、ガスレーザに比べてレーザ本体自体がコンパクトで、それに関係する電源設備、冷却設備も小さくてすみメンテナンスも容易になるからです。

　YAGロッドでは、内部イオンが励起して反転分布を作るために必要な励起光の波長が580nm、750nm、810nm、870nmに分かれています。この波長成分を持つ強い光をYAGロッドに照射してやればロッド内部に反転分布ができ、$1.06\mu m$の種火で誘導放出が起きレーザが発振します。歴史的に見てみるとYAGレーザの励起光源にはキセノンフラッシュが使われてきまし

た。白色光源で発振するに足る強いエネルギーが得られたからです。

　従来、連続励起光源にはタングステンハロゲンランプや、クリプトンアークランプ、カリウム水銀ランプなどが使われました。これらの光源はロッドの励起に都合のよい緑色から赤外域にかけてリッチな発光があるからです。しかし、連続発光ランプは常時発光をしているため、YAGロッドが受ける熱のストレスを十分考慮に入れる必要があり、必然的に大出力レーザは期待できません。最近になって、半導体レーザに高出力のものが現れ、YAGレーザの吸収帯域に効率のよい800nm近辺のみを発光する光源が使えるようになったため、励起光源として半導体レーザを使うことが多くなってきました。半導体レーザを励起光源に用いたYAGレーザは、取扱いが楽でエネルギー効率もよいため電源設備に負担をかけず小型高出力レーザが実現できるようになりました。図2-8-2に固体レーザの励起に使う半導体レーザのレイアウトを示します。2種類の方法があります。

図2-8-2　半導体レーザを使った固体レーザのポンピング

(a) 端面集光方式の半導体レーザのポンピングによるYAGレーザ

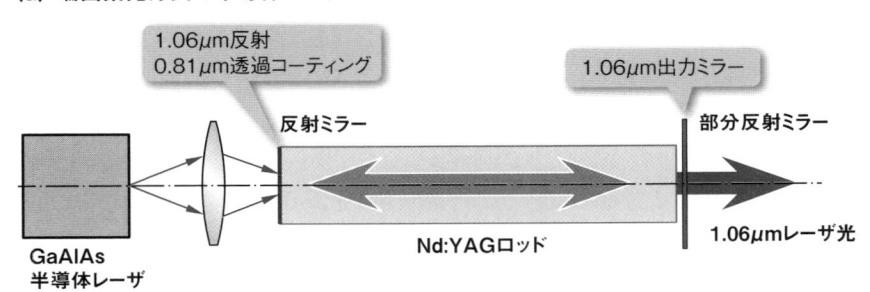

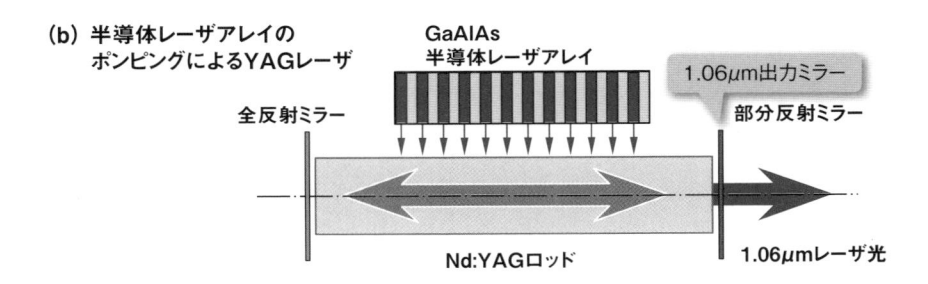

(b) 半導体レーザアレイのポンピングによるYAGレーザ

2-9 固体レーザの仲間 ②
固体グリーンレーザ、波長可変固体レーザ

●固体グリーンレーザ

　固体グリーンレーザ（Solid-state Laser）は、アルゴンイオンレーザの代替として固体レーザをベースにした緑色の連続発振を行うレーザです。イオンレーザはキャビティが放電管になっていて、これにアルゴンガスなどの希ガスを封入して高圧放電を起こしレーザ発振を行うのに対し、キャビティに固体ロッドを用い、このロッドを半導体レーザなどの励起光を与えて発振させるものです。励起光源を含めすべて固体素子を使うためにコンパクトになり、電源も100VACの家庭用電源で使用できるため急速に需要を伸ばしてきました。

　固体グリーンレーザの発振器は、Nd:YAGやYLF（イットリウム・リチウム・フッ化物）、YVO_4（イットリウム・バナジウム酸塩）、$YAlO_3$（イットリウム・アルミ酸塩）を使っています。Nd:YAGは、ネオジムが1.06μmのレーザ遷移を行いますが、母体の材質が変わると発光も若干変わります。このレーザは、主に1.06μmの赤外発振なのでこれを特殊な光学素子（LBO：非線形光学素子）に導き入れて半分の波長にします。こうして532nmの緑のレーザ光を取り出します。ネオジムは、反転分布を作るポンプ波長が800nmと703nmであるので赤色から赤外の光源が効率よくネオジムロッドに照射できるように半導体レーザが使われだしています。

●波長可変固体レーザ

　固体レーザの中には、母体結晶と発光原子の原子間距離を変えて相対的位置関係を変化させ、いろいろなエネルギー準位を作ってやると、励起される準位と下位準位に落ちるレーザ遷移に幅ができるため、広い幅でレーザ光を放出するようになります。広い範囲での波長が発振されるので、意図する波長を取り出すには、プリズムを用いたり、エタロンを使用して目的の発振波長を取り出します。エタロンというのは、非常に精度のよいガラス平行平面

板のことです。その精度は光学研磨の極限をいくもので、フランスの物理学者ファブリとペローの唱えた「ファブリ・ペローの条件」を満たし希望する波長を選択透過できるようになるものです。また、これらのレーザは、赤から赤外域での発振が主なので、短い波長が欲しいときには非線形光学結晶を用いて半分の波長を取り出します。

　非線形光学結晶は、外観はガラス形状をしたものです。これにレーザ光を入射させると入射した波長の半分の波長、もしくは1/3の波長が取り出せるものです。典型的な非線形光学結晶としては、KDP（リン酸二水素カリウム、KH_2PO_4）、やニオブ酸リチウム（$LiNbO_3$）などがあります。半導体レーザにも、希望する短波長レーザ光を取り出すときこの結晶素子を使います。

　表2-9-1に示したものは、現在開発されている光学結晶の素材とそれから発振するレーザ光の波長範囲です。このジャンルのレーザの中で、チタンサファイアレーザは、非常に短いパルス光を出すレーザとして注目されています。そのパルス発光は、11フェムト秒といわれています。この時間は、光が30mm進む距離です。

表2-9-1　波長可変固体レーザの一覧

名称	発光原子：ホスト結晶	発振波長 (nm)
アレキサンドライト	$Cr:BeAl_2O_4$	701 – 858
フッ化マグネシウム	$Co:MgF_2$	1,750 – 2,500
GSGG	$Cr:d_3Sc_2Ga_3O_{12}$	740 – 850
エメラルド	$Cr:Be_3Al_2(SiO_3)_6$	729 – 842
フォーステライト	$Cr:Mg_2SiO_4$	1,167 – 1,345
LiCAF	$Cr:LiCaAlF_6$	720 – 840
LiSAF	$Cr:LiSrAlF_6$	780 – 920
タリウムYAG	$Ta:YAG$	1,870 – 2,160
チタンサファイア	$Ti:Al_2O_3$	660 – 1,180

2-10 固体レーザの仲間③ ファイバレーザ

　ファイバレーザは、ファイバの中をレーザ光が通りながら増幅と発振をくり返す新しい概念のレーザです。カテゴリー的には、ガラスレーザや YAG レーザの固体レーザの仲間に入ります。ファイバのコア部に、希土類をドープすることによってファイバ自体がレーザの媒質となります。発振媒体であるコア径が、$2 \sim 20\,\mu\mathrm{m}$ 程度（クラッド径 $80 \sim 125\,\mu\mathrm{m}$）と非常に小さいため、冷却効果が高く、ガラスレーザや YAG レーザが持っていた熱による光学品質の不揃いという欠点がなく、均一なビームクォリティを得ることができます。

　冷却効率がよいということは、連続発振も起こしやすく、従来のガラスレーザ（ルビーレーザ）がパルス発振しかできなかったのに対し、ファイバレーザでは連続発振を可能としました。また、ファイバレーザは、ロッド（棒状

図 2-10-1　ファイバレーザの構造

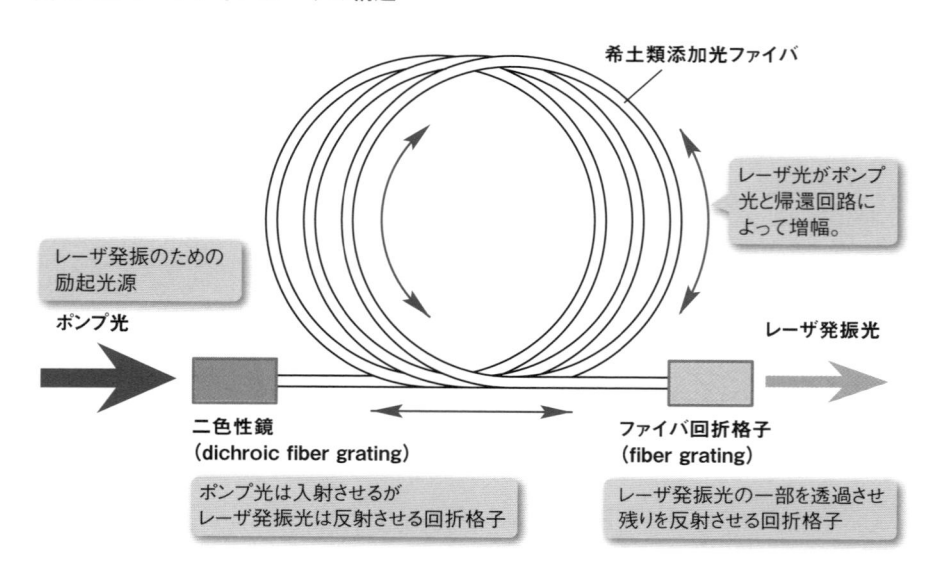

レーザと比べて桁違いに媒質を長くすることができ（長い分丸めておけばよい）、10mm～300m程度の共振媒質（ファイバ）で増幅される光は強くて品質のよいものになります。

　ファイバレーザは当初、ファイバで光が増幅できることから長距離光伝送装置として期待され、1.55μm波長の光伝送ファイバとして実用化されました。その後、均質な光クォリティ、微小スポットが得られる熱源として、高温加工分野で脚光を浴び、レーザ溶接機、レーザマーカ分野で急速な発展を見ています。

　レーザファイバは、変換効率がとてもよいので、100W程度のレーザ出力に要する電源は、およそ1,000W程度でよく、消費電力の10％程度がレーザ光になります。100W出力程度のファイバレーザは空冷のものがほとんどであり、旧来のレーザの消費電力に比べると驚くほど高効率です。効率のよいレーザ発振が、ファイバレーザの大きな特徴といえます。

●海底ケーブルにも使われるファイバレーザ

　ファイバをレーザ発振の媒質とする発想は、レーザが着想された数年後の1964年には発案されていて、希土類添加による光ファイバを使った光増幅の概念ができあがっていました。1985年、英国サウサンプトン大学（Southampton University）のプール（Simon Poole）らによって、低損失の単一希土類添加光ファイバが開発されてから、ファイバレーザの開発が本格的に始まり、1987年、同大学のRobert Mearsらによって、希土類添加（Erbium-doped）光ファイバのレーザ作用を利用した1.55μm帯光増幅器が開発されました。この光ファイバは、従来の光ファイバと異なり、ファイバ内で光増幅が行えるため、長距離転送に必要な光を増幅する中継ボックスの数を少なくするというメリットがありました。

　このファイバは、1995年、トランスアトランティック電話会社（Trans-Atlantic Telephone：TAT）の海底ケーブルに使われ、アメリカとイギリス、フランスを結びました。このケーブルは総延長14,000kmに及び、ファイバの中継を45kmとすることができ、5GB/sの伝送速度を持っていました。

●さらに高出力のファイバレーザも登場

　ファイバレーザは、光ファイバのコア部にエルビウム（Er：Erbium）やネオジム（Nd：Neodymium）、イッテルビウム（Yb：Ytterbium）などの3準位の元素をドープさせています。こうすることにより、励起光によって準位が上がり、信号光によって誘導放出されます。

　エルビウムイオンを励起する光源としては、900nm近辺の赤外半導体レーザ光を使います。この励起光によって、エルビウムが励起され、反転分布の中で信号光によって1.55μmの光が放出されます。イッテルビウムでは、1,075nmの発振を行います。

図2-10-2　ファイバレーザのファイバ材質構造

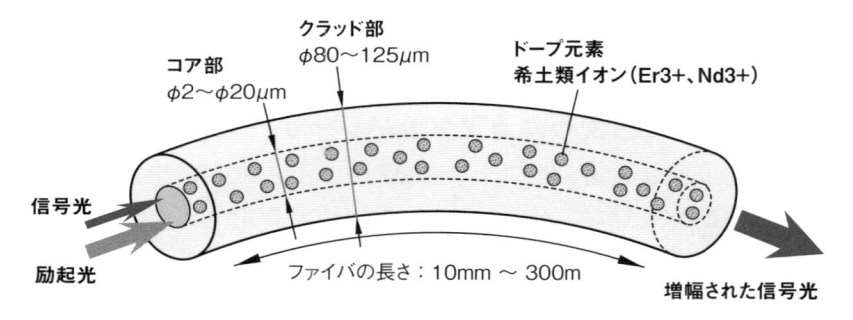

```
クラッド部 φ80～125μm
コア部 φ2～φ20μm
ドープ元素 希土類イオン（Er3+、Nd3+）
信号光
励起光
ファイバの長さ：10mm～300m
増幅された信号光
```

　光ファイバのコア部は、2～20μmと細く、しかも長くすることができるため、表面積が大きくなり冷却効率が高まって、放出光を増幅するのに好条件になっています。ファイバレーザでは、このファイバを10mmから300m程度にして、この中に励起光を入れて光増幅を達成しています。この発想は、大きな成果を生み、高温加工用レーザでは、数十μmのファイバ端から50Wクラスの光エネルギー放出できる装置が完成しています。特殊なものでは数十kWの出力を持つものも作られているそうです。ファイバから放出されるビームクォリティも、加工用熱源としては十分に満足のゆくもので、均一な断面形状（ビーム品質M^2≒1.1）を持っています。ここでいうビーム品質M^2とは、73ページで触れているビーム光の品質値で、エムスクエアとも呼ばれているものです。この値が1に近いほどきれいなビーム品質となり集光レンズで絞る際に均質なビームスポットを得ることができるものです。

2-11 金属蒸気レーザ／液体レーザ

　金属を気体にして励起状態を作りレーザ発振を行うタイプのものです。金属蒸気レーザでは、銅蒸気レーザ、金蒸気レーザ、ヘリウムカドミウムレーザが市販されてきました。金属（特に銅）を1,400℃の融点近くまで加熱してレーザチューブ内を金属蒸気で満たし放電を起こすと、電子によって金属原子が励起され、基底状態に落ちる際に光を放出します。発振波長は、511nmと578nmの2波長で、蒸気温度によって発振比率が異なり、温度が高いほど578nmの発振が強くなります。

　銅蒸気レーザは、発振ゲインが高く、プラズマチューブだけでもレーザ発振が可能です。このことは、銅蒸気レーザを多段に組み上げて大出力レーザを構築する上で優れた特性となっています。この特徴を生かして、ウラン濃縮での同位体分離用光源として400Wのレーザシステムが構築されています。

図 2-11-1　銅蒸気レーザの基本レイアウト

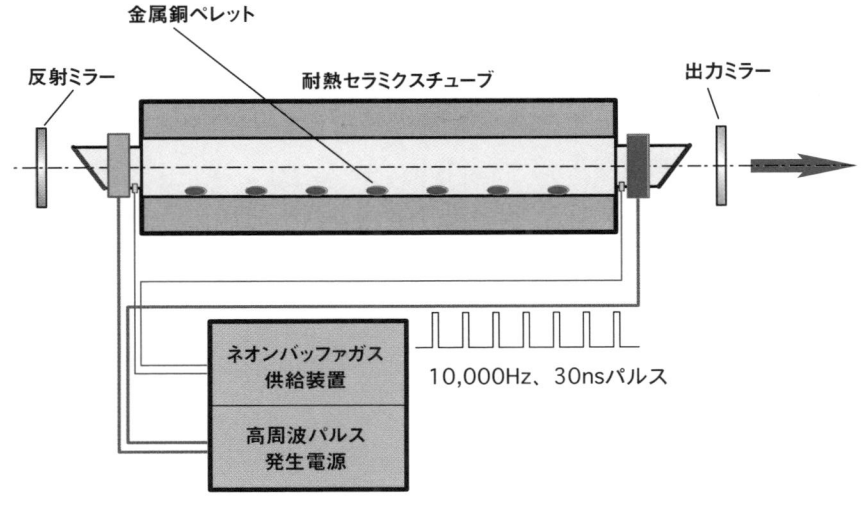

現在、銅蒸気レーザの主な応用は、ウラン濃縮同位体分離のポンプソース、レーザライトシートをはじめとする高速度カメラ用ストロボ光源、10μm程度の金属・セラミクスの微細穴加工を行う加工熱源、大気中オゾン検出用OHラジカル測定用ポンプソース、ステージの効果照明などとして使われています。

●液体レーザ

媒体が液体のものを液体レーザと呼んでいます。液体レーザとしては色素レーザという呼称が一般的です。レーザの発振が確認されている色素は500種類ほどあるといわれていて、その発振波長は300〜1,200nmです。色素はアルコールに溶かして使われ、ひとつの色素から発振される波長域は50〜100nm程度です。色素は、いわゆる蛍光体です。蛍光体は、短い光を受けて長い光を放出する特性があります。

色素レーザに使われる代表的な色素は、クマリン色素で、その中でもローダミン（rhodamine）が有名です。色素は、比較的簡単に発振を起こすことができ、フラッシュランプを利用して発振するレーザも作られました。しかしフラッシュランプには紫外線が多く含まれこれが色素を極度に劣化させたり、立ち上がり発光の速いフラッシュランプでないと十分な励起が得られないため、現在ではレーザ光を励起光源として用いることが一般的になっています。色素は、エネルギー密度の高い励起光源にさらされるため、ダメージを受けやすく（寿命は数十〜数百時間）、そのダメージを抑えるため、循環ポンプでセルの中に送り込んで循環させ、そのセル内にポンプソースレーザを集光させます。したがって、色素は消耗品となります。

図2-11-2　色素レーザのレイアウト

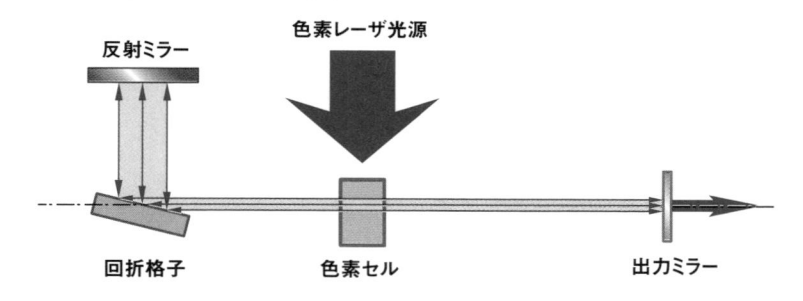

第3章

レーザの基礎知識Ⅱ
レーザの特性と応用

本章では、レーザ全般の一般的な特性を紹介します。
半導体レーザはレーザのカテゴリーの中の新しい素材
（半導体）を使ったレーザです。

3-1 コヒーレント光

　レーザの特徴のひとつに、発振波長の位相が揃っている「コヒーレント性」が挙げられます。自然界の光ではこの特性は極めて希薄です。

図 3-1-1　コヒーレント光

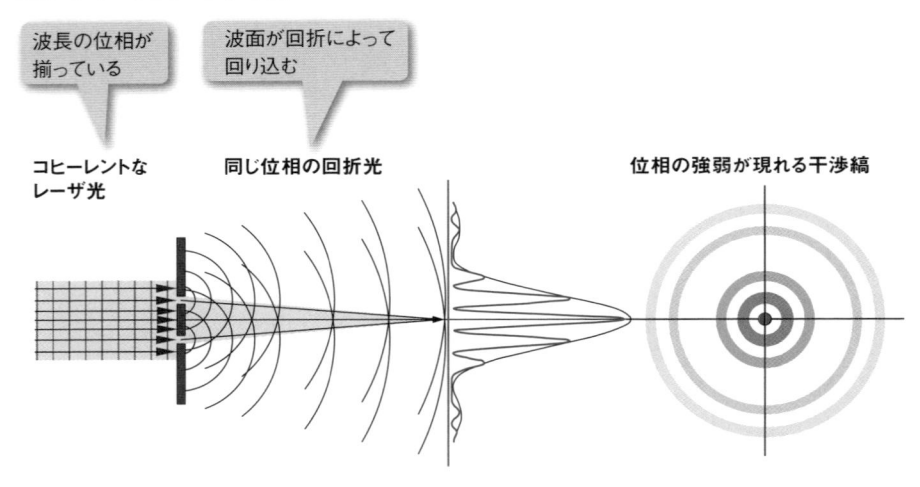

- 波長の位相が揃っている
- 波面が回折によって回り込む
- コヒーレントなレーザ光
- 同じ位相の回折光
- 位相の強弱が現れる干渉縞

　図3-1-1にコヒーレント光の説明をします。レーザ光を2つのピンホールから射出させると、光の回り込み（回折）により光が拡がり、対面に干渉縞を発生させます。2つのピンホールから出た光は波面が同じ位相なので干渉が起きやすいのです。この原理で光が波であることを突き止めたイギリスの物理学者・医学者トーマス・ヤング（Thomas Youg：1773 ～ 1829）は、当時レーザがなかったので、白色光源をプリズムで分けて単色光とし、さらにピンホールに通して点光源としてこれを拡げて平行光としたあと、2つのスリットに導いて干渉縞を発生させました。自然光を単色光としピンホールに当てて点光源とすることで、自然光のコヒーレント性を高めたのです。

●ヘリウムネオンレーザのコヒーレント性

レーザの中で最もコヒーレント性の高いレーザは、ガスレーザの中のヘリウムネオンレーザです。ヘリウムネオンレーザは、励起波長が $\lambda = 632.8nm$ の単一波長です。発振出力は、1mW から 100mW までの比較的低い出力を持つ連続発振（CW：Continuous Wave）レーザです。最近の半導体レーザでは、ヘリウムネオンレーザ程度の発振出力を持つコンパクトなものが開発されてきたので、役割を半導体レーザに譲りつつありますが、このレーザの持つ単色性のよさとコヒーレンスのよさでレーザ測定器、各種アライメント用マーカ、ホログラフィ再生光源に現在でも利用されています。

【ヘリウムネオンガスレーザの特徴】
・ガスレーザならではの出力安定性
・コヒーレント性（発振波面の精度）がよい
・ビームダイバージェンス（拡がり角、光ビームの射出される平行性）がよい

●長さの定義にレーザ光を使用

レーザに関する、光の面白いエピソードを挙げます。それは「長さの定義」がメートル原器に代わって光によって定義づけられるようになったことです。長さの単位は、当初フランスで作られたメートル原器が唯一絶対のものでしたが、1960 年には、クリプトン元素の放射する光の波長を使った手法が長さの定義となりました。それが 1984 年の制定では、定義の中に光の質は述べられておらず、光の速度で長さを定義するようになりました。クリプトンより精度の出る測定法が確立されたからです。現在では、その光にヘリウムネオンレーザを使っています。つまり、それだけヘリウムネオンのレーザ光は安定している証拠といえます。

ヘリウムネオンレーザの波長は、アメリカの国立標準局（National Bureau of Standards, NBS）において測定された報告によれば、標準計量状態、すなわち 1 気圧、温度 20℃、相対湿度 59％、炭酸ガス含有量 0.03％ のもとで、632.81983nm とされてます。有効数字 8 桁です。このように、安定して発振するヘリウムネオンレーザ光を使って、長さの基準が作られているのです。

3-2 ビームの拡がり ①
距離とビーム径

　レーザは、直進性がよく光が遠くまで到達します。直進性のよいことがレーザビームの特徴ですが、それでも長い距離ではビームが拡がります。ビームの拡がり具合を示す数値が、ビームダイバージェンス（Beam Divergence）と呼ばれるものです。単位は「ラジアン」で示されますが、この値はレーザの拡がり角を表す数値としては大きいので1/1,000にした「ミリラジアン」がよく使われます。

　拡がり角 θ（ミリラジアン）は、ビームが出力された距離 L に、$\tan \theta$ を掛け合わせると、ビームの拡がる値となります。$\tan \theta$ は、θ が50ミリラジアン以下では $\tan \theta = \theta$ とみなして差し支えないので、拡がり角 θ にビーム出力距離 L（メートル）を掛け合わせた値が、拡がり量（ミリメートル）となります。

$$D = d + \theta \cdot L$$

　　D：レーザから射出された距離Lでのビームの大きさ
　　d：レーザの射出出口でのビームの大きさ
　　θ：レーザのビーム拡がり角、Beam Divergence
　　L：レーザビームの放射距離

　例えば、ヘリウムネオンレーザの拡がり角は、約1ミリラジアンなので、1mの距離での拡がりは1mm、10mの距離では10mmの拡がりとなります。ヘリウムネオンレーザは、直進性がよいレーザとしても特徴があります。半導体レーザでは、その特性上レーザ光が最初から拡がって出てきます。したがって半導体レーザは、遠くに飛ばすことは苦手です。それでも補正光学系を使って、レーザポインタ程度の直進性と拡がり角は確保できます。

図 3-2-1　ビームの拡がり

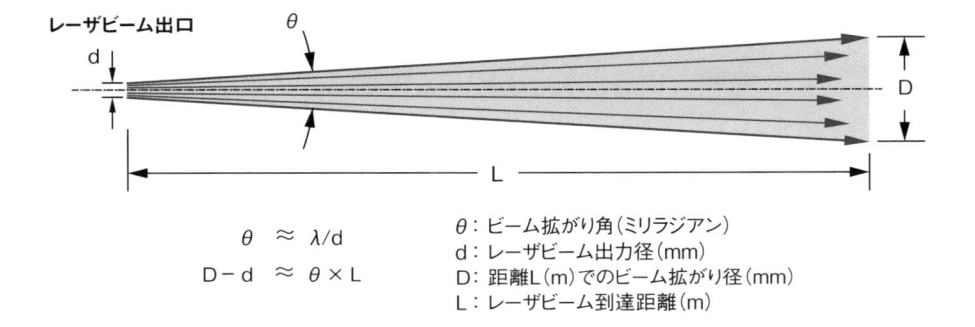

$\theta \approx \lambda/d$

$D - d \approx \theta \times L$

θ：ビーム拡がり角（ミリラジアン）
d：レーザビーム出力径（mm）
D：距離L(m)でのビーム拡がり径（mm）
L：レーザビーム到達距離（m）

●ビームの拡がりはなぜ起きる？

　レーザビームの拡がりはなぜ起きるのでしょうか。その理由は、レーザの発振する共振器部（キャビティ）の構造と光の回折（ビーム出力端の大きさと波長）によってほぼ決まるからです。この中でも、共振器部の発振構造の影響が大きく、ここでビームクォリティがほぼ決まってしまいます。キャビティとは別に、光の回折の観点から見てみると、レーザ光は回り込みながら進むので、ビーム拡がり角θは、発振波長（λ）／ビーム口径（d）に比例し、これ以下のビームの直線性は望めません。回折の観点に立つと、レーザは短い波長のほうが直進性がよく、かつ射出出口でのビーム径（d）が大きいほど拡がりにくいことがわかります。

　$\theta = \lambda/d$
　　θ：レーザのビーム拡がり角、ビームダイバージェンス
　　λ：レーザの発振波長
　　d：レーザの射出出口でのビームの大きさ

　ただし、上式は回折の観点から述べた式であり、実際はこれよりも大きくなっています。現実的には、使用するレーザのカタログに「ビーム拡がり角」の値が掲載されているので、それを参考にしたほうがわかりやすいと思います。

3-3 ビームの拡がり ②
共振器との関係

　前節で述べたビームの拡がりについて、もう少し詳しく説明をしましょう。ビームの拡がりは、レーザ発振する共振器の光学レイアウトによって決まります。その光学レイアウトについて説明します。

　レーザ光がなぜ直進性がよいのかというと、光の共振原理によってレーザ光が作られるため、共振器の中で光が何度も往復して十分に強まった後に出てくるからです。したがって、共振器の光学アライメント（光学部品の取付け位置精度）が少しでも狂うと、光は強められないのでレーザは発振しません。また、共振器の性能が悪いと放出される光の性質も悪いものになります。

　レーザ光は、そもそも発振器で光が増幅されて放出される、というのが原理原則であるため、多くの場合その増幅には1対の反射鏡が使われています。1対の反射鏡で囲まれた共振器の中で誘導放出された光は、何十回かの往復を繰り返し、増幅されて発振に足るだけのビーム光となります。ゲインの高いレーザでは光を何度も往復させなくても簡単に発振をして放出されるものもあります。しかし、多くのレーザはそうはいきません。例えば、透過率が2％を持つ共振器のレーザでは98％が反射されキャビティの中を往復（ポンピング）しています。ということは、確率的にいうと励起された光は1/50の割合でしか外に出ることができず、49回往復してやっと外に出られる換算となります。

●キャビティの種類

　図3-3-1、図3-3-2にレーザキャビティの一般的なものを挙げました。たくさんの種類がありますが、大きく分けると共振を起こすための1対の鏡に「平面鏡」を使うか「球面鏡」を使うかの2つに分類することができ、それぞれに特徴があります。

　一般にレーザ発振器では、キャビティ（共振長＝L）の半分の焦点距離を持つ球面鏡を両端に配置して、キャビティ中央部のエネルギー密度が一番高

図 3-3-1　安定共振器レイアウト①

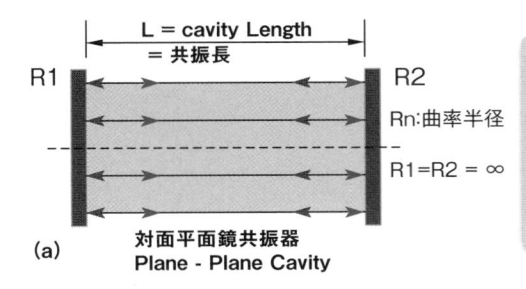

(a) 対面平面鏡共振器　Plane - Plane Cavity

L = cavity Length = 共振長
R1, R2
Rn:曲率半径
R1=R2 = ∞

- 平面鏡による共振器。
- ファブリ・ペロー条件を満足させるオーソドックスなレイアウトであるが両面を平行に保持するのが難しい。
- 1/30°の微調整が要求される。
- 共振長L(<10mm)の短い半導体レーザに使われる。

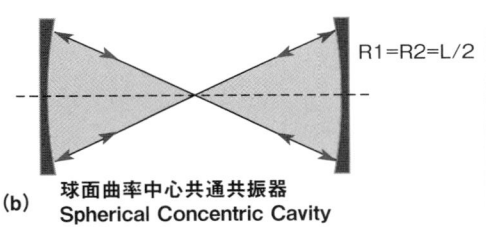

(b) 球面曲率中心共通共振器　Spherical Concentric Cavity

R1=R2=L/2

- 曲率半径Rが同じ(=L/2)凹面鏡共振器。
- 一般的な共振器。
- 比較的簡単に共振条件が出せる。
- 共振器の中心にビームが集光する。媒質が固体の場合、ビーム集光部にダメージを負いやすい。
- 集光スポットのビーム径は回折限界で求められる。

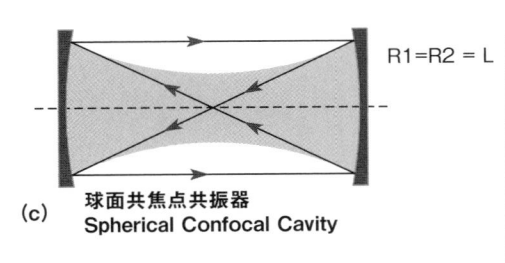

(c) 球面共焦点共振器　Spherical Confocal Cavity

R1=R2 = L

- 曲率半径Rが同じ(= L)凹面鏡共振器。
- 最もよく利用される一般的な共振器。
- 比較的簡単に共振条件が出せる。
- 共振器の中心にビームが集光する度合いが小さいのでビームを絞りたい応用によく使われる。
- レーザを外部に取り出して光学系で集光するときに、共振器内部で現れる共振モードが反映される。

くなるように設計されています（図 3-3-1(b)(c) 参照）。

　レーザが開発された初期の頃の発振器には、1 対の平面鏡が使われるのが一般的でしたが（図 3-3-1(a)）、このレイアウトでは平行平面の位置出しがとても大変です。少しでも狂うと何度も往復する光は光軸を外れて逃げてしま

図 3-3-2　安定共振器レイアウト②

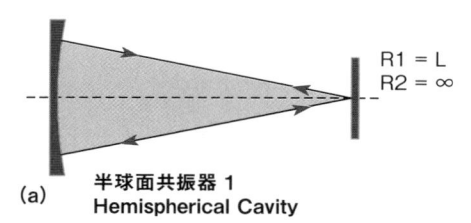

(a) 半球面共振器 1
Hemispherical Cavity
R1 = L
R2 = ∞
・凹面鏡と平面鏡の組み合わせ。
・凹面鏡の曲率半径R1はLであるため、平面鏡の中央部にビームが集中する。

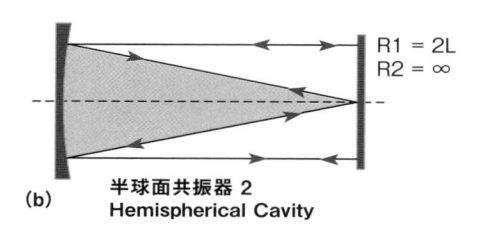

(b) 半球面共振器 2
Hemispherical Cavity
R1 = 2L
R2 = ∞
・凹面鏡と平面鏡の組み合わせ。
・凹面鏡の曲率半径が2Lであるため上のレイアウトよりはエネルギーは集中しない。

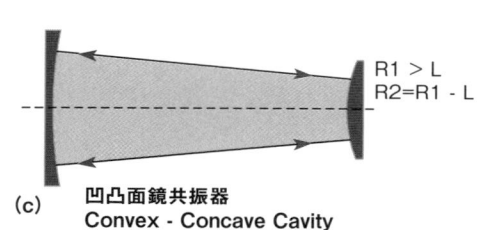

(c) 凹凸面鏡共振器
Convex - Concave Cavity
R1 > L
R2 = R1 - L
・凹面鏡と凸面鏡を利用した共振器。
・媒質全域に渡って有効に使用可能。
・共振器内部でビームが集光しないので媒質に極度のビームエネルギーが集中しないのでダメージが少ない。

います。その位置出し精度は 1/30°といわれています。したがって平行平面鏡のレイアウトは、共振長 L が 10mm 程度の小さいものに限られたり、半導体レーザに使われるだけの限られたものとなっています。

1 対の平行平面鏡の代わりに、1 対の球面鏡が使われるのは、比較的簡単な光学セッティングで共振を起こすことができるからです。球面鏡を使えば、双方の鏡の位置が少しずれていても光のポンピングが行いやすく、レーザ発振を起こしやすくなります。

● ビーム密度

キャビティ内部での光増幅を見てみますと、図 3-3-1 の各種光学レイアウトのなかの線で囲まれたブルー部分がレーザ光を放出しているエリアとなり、それ以外はレーザの発光に関与していないことがわかります。

また、光線のクロスしているところは、ビームが集光するところでレーザ光強度が高いところです。この部分はとてもエネルギー密度が高くなりますので、媒質に欠陥があるとダメージを受けやすくなります。その部分は、熱も発生しやすく光学的にも歪みを起こします。

●非安定共振器

球面鏡を用いた発振光学系のことを、安定して発振できるという意味で安定共振器（stable cavity）と呼んでいます。共振器の別のレイアウトである非安定共振器（不安定共振器、unstable cavity）は、鏡によって誘導放出光を封じ込める構造になっていないので、ポンピングをほとんど行わず、励起による放射光がそのまま外部に出ていくような構造となっています。その意味で共振が安定しない光学系なので「非安定」という言葉をあてたものと思います。

非安定共振器は、銅蒸気レーザのようなゲインの高い（レーザ発振の起こしやすい）レーザに使われます。この光学系を使うことによって、出力は少し減りますが、ビームダイバージェンスが一桁上がります。ビームクォリティが上がることから、マイクロマシニングなどの微小加工をするレーザや、大出力レーザの種火（ソースレーザ）として、また、薄くて強いレーザライトシートを作るときのレーザ発振光学系などに採用されます。

図 3-3-3　非安定共振器レイアウト

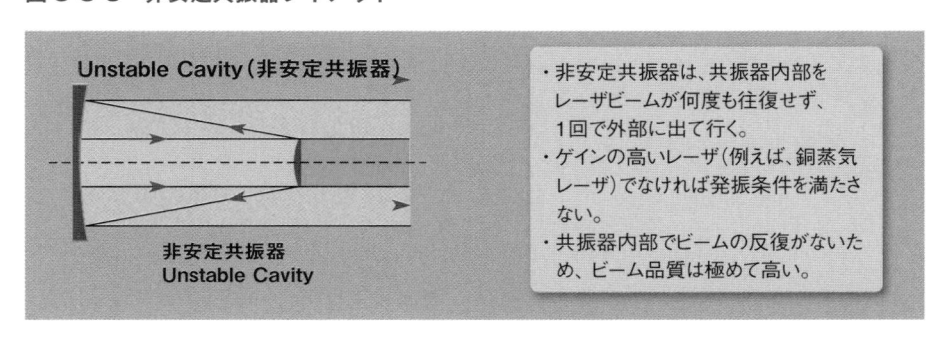

- 非安定共振器は、共振器内部をレーザビームが何度も往復せず、1回で外部に出て行く。
- ゲインの高いレーザ（例えば、銅蒸気レーザ）でなければ発振条件を満たさない。
- 共振器内部でビームの反復がないため、ビーム品質は極めて高い。

3-4 ビームの拡がり③
ビームの形状

●レーザビームの形状

レーザは、前節で述べたような共振器（キャビティ、resonator）のレイアウトによって、レーザ発振が行われますが、発振時のビーム曲線はマクスウェルの方程式で導かれます。その方程式で示されるビームは、図3-4-1の右に示されたくびれた曲線となり、レーザキャビティ内部で起きているビーム曲線と同じになります。これが、とりも直さずレーザ光として外部に放射され、再び集光されたときの集光ビーム曲線となります。

図3-4-1 共振器レイアウトと内部ビーム形状

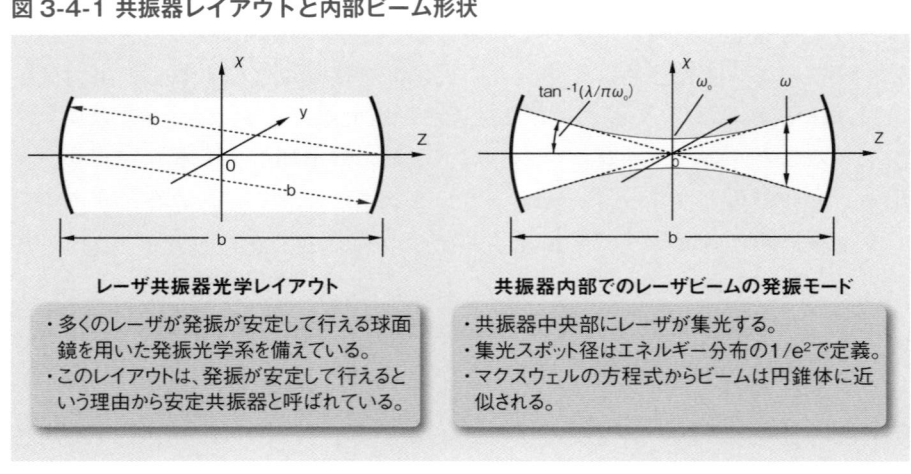

レーザ共振器光学レイアウト	共振器内部でのレーザビームの発振モード
・多くのレーザが発振が安定して行える球面鏡を用いた発振光学系を備えている。 ・このレイアウトは、発振が安定して行えるという理由から安定共振器と呼ばれている。	・共振器中央部にレーザが集光する。 ・集光スポット径はエネルギー分布の$1/e^2$で定義。 ・マクスウェルの方程式からビームは円錐体に近似される。

このビーム曲線の半頂角が以下の式に近似し、ビーム拡がり角 θ の根拠となっています。

$$\theta = 2\tan^{-1}(\lambda/\pi\omega_\theta) \sim 2\lambda/\pi\omega_\theta = 2\sqrt{(2\lambda/\pi b)}$$

上式は、ビームの拡がりは、共振器の発振長 b が長いほど低く、また、波

長が短いほど低いことを示しています。また、ここで述べた式は、安定共振器について導き出した式であるため、共振器の設計（レイアウト）によって変わります。固体レーザ（YAGレーザ）では、ロッド自体が共振器なので、もう少し複雑な式になると思われます。したがって、ここでは一般的なこととして述べるにとどめます。

一般的に、ガスレーザでは、共振長が長いもののほうがビームダイバージェンスがよく、固体レーザ、特に半導体レーザでは共振長が短くて共振器も狭いため、ビームクォリティはよくありません。

●ビームの集光と拡散

レーザは光ですから、光学素子（レンズやプリズム）を用いて屈折させたり反射させることができます。これは通常の光の性質と同じです。むしろレーザのほうが光学レイアウトが簡単かもしれません。というのは、レーザ光は直進性が強く平行光に近いので、光軸上でのビームを扱うことが多く光学設計が楽なのです。

半導体レーザは、一定の拡がりを持って拡がって照射されます。図3-4-2に半導体レーザの集光に使われる一般的な光学レイアウトを示します。このレイアウトは半導体レーザビームを集光させるものです。半導体レーザの射出光出口位置がレンズの焦点距離位置になるようコリメートレンズを配置すると、レーザ光は平行光となります。その平行光を集光レンズを介して焦点距離に集光させることができます。半導体のビームは、このようにして容易に数十μmのオーダーでビームスポットを作ることができます。

図3-4-2　ビームの集光と拡散

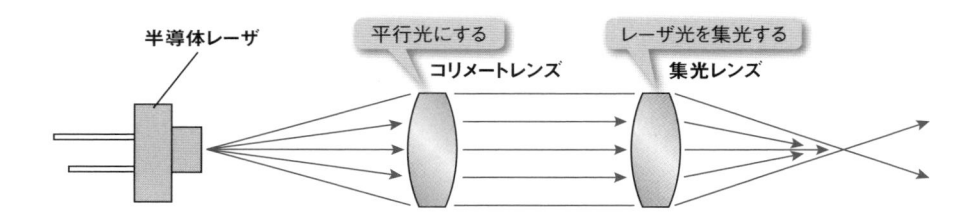

3-5 偏光①
偏光の特徴

●偏光の特徴

　偏光は一般的にはあまり馴染みがありませんでしたが、液晶時代になってとても身近なものになっています。偏光は、液晶素子にはなくてはならない光の性質なのです。レーザでは、とても一般的な性質です。図3-5-1に示したように、光には偏光という性質があって、異なる媒質の反射面で偏光が顕著に現れます。

　ヘリウムネオンレーザやアルゴンイオンレーザ光は偏光を持った光です。半導体レーザも結晶中の封じ込められた状況で発振を行いますから偏光特性の発光となります。レーザの仲間で、発振条件が厳しいゲインの低い媒質では、光の共振条件を作って光を何度も往復させて増幅を行いながら発振させるのですが、このとき偏光のしくみを使って光が減衰しないようにしています。つまり、光のこの原理を応用しなかったら、おそらく世の多くのレーザは発振できなかったでしょう。また、CDやDVDに使われているオプティカルピックアップにも偏光素子が使われています。偏光素子を使うことによってディスクのピットの読み取

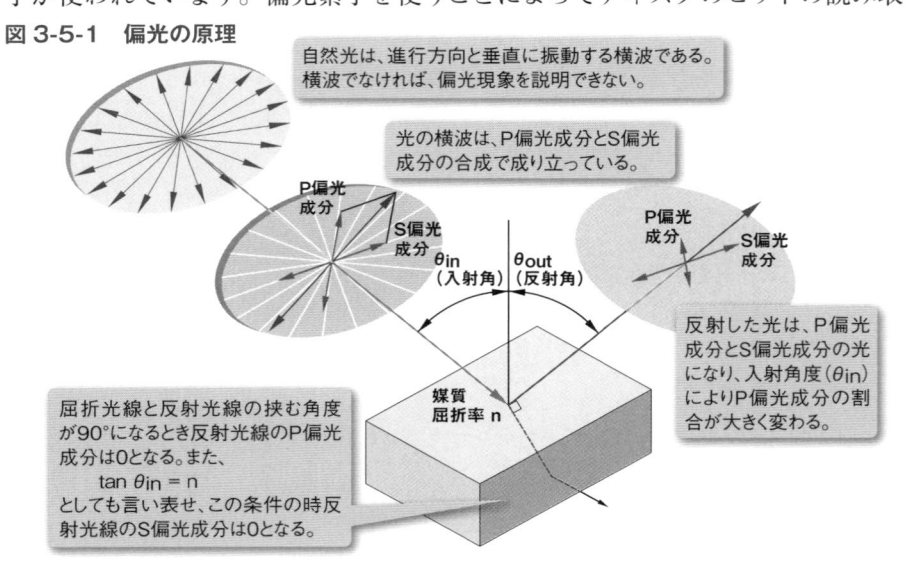

図 3-5-1　偏光の原理

自然光は、進行方向と垂直に振動する横波である。横波でなければ、偏光現象を説明できない。

光の横波は、P偏光成分とS偏光成分の合成で成り立っている。

θ_{in}（入射角）　θ_{out}（反射角）

媒質 屈折率 n

反射した光は、P偏光成分とS偏光成分の光になり、入射角度（θ_{in}）によりP偏光成分の割合が大きく変わる。

屈折光線と反射光線の挟む角度が90°になるとき反射光線のP偏光成分は0となる。また、
　　$\tan \theta_{in} = n$
としても言い表せ、この条件の時反射光線のS偏光成分は0となる。

り精度が向上するのです。鉱物を顕微鏡で観察するときに鉱物の持つ偏光特性を利用して偏光顕微鏡が使われます。

　自然界では、水の表面やガラス表面で反射した光、それに、青空の散乱光が（太陽から90°の位置が最も強い）偏光を持っています。

●偏光を持つ物質

　偏光は、媒質を透過するときに生じる透過偏光と、媒質表面（光学的に透明な媒質表面）で起きる反射偏光、それに青空のように微粒子の散乱によって起きる散乱偏光があります。透過偏光は、方解石の二重像で明らかにされました。電気石という鉱物にも偏光が認められます。雲母（うんも、きらら、mica）にも偏光特性が認められます。人工的な偏光光学素子としては、1936年に多色性結晶体のヘラパタイト（Herapatite）が作られました。その後、フィルム（高分子構造体）を一方向に強く引っ張ると偏光を持つ性格が認められたことから、ポリビニルアルコールフィルムを一方向に引っ張って高分子樹脂の鎖を一方向にして、これに沃素をドープして固定させたフィルム偏光板が作られました。これらは、ポラロイドやダイクロームという商品名で市販されました。

●偏光発見の歴史

　偏光の性質は、光が学問として体系化されるなかでも比較的後期になって組み入れられるようになりました。幾何光学で不十分であった光の回折や干渉は、ホイヘンスやヤングらの光の波動説で一応の完成を見ましたが、偏光の解釈にはなす術を持っていませんでした。ヤングらは、光は音と一緒で媒質中を粗密波で伝わる縦波だとしていましたが、水面に反射する光が偏光を持っていることが発見されてから光が縦波であるとする根拠が揺らぎました。

　偏光は、1808年のマリュス（Etienne Louis Malus：1775〜1812）によるガラスや水面からの反射光の特異性の発見から始まります。その後、1815年フランスの数学者ビオ（Jean Baptiste Biot：1774〜1862）が電気石の二色性を発見し、同国人天文学者アラゴ（Dominique Francois Jean Arago：1786〜1853）が旋光性や結晶干渉を発見し、ついでイギリス人物理学者ブリュースター（Sir David Brewster：1781〜1868）によって偏光角の発見が相次ぎ、光の進行方向に対して特別の面を持つことが揺るぎない事実となっていきました。

3-6 偏光 ②
偏光角度とブリュースター窓

●偏光の角度特性

　通常の光は、進行方向に対して横方向（垂直方向）に振動する成分がいろいろな方向へ放射していて、偏光では振動成分が一方向に限られたものになっています。透明媒質の表面では特定の方向に振動を持つ光のみ反射されます。それがP偏光と呼ばれるものとS偏光と呼ばれるものです（図3-5-1、図3-6-1参照）。P偏光は、媒質に入る方向（入射方向）に対して立った角度で入って行く成分（スキーのジャンプで選手が飛んで行く姿勢と同じような角度）で、S偏光は横に寝た成分です。直感的にP成分のほうが媒質にずぶずぶと入る感じがあり、S偏光成分は表面に当たってそのまま跳ね返るような感じを受けます。

　その感覚どおりにS偏光は入射角度を変えても絶えず反射が起き、立った角度で入射するP偏光はある角度ではずぶずぶと入ってしまい反射されなくなります。その入射角度がブリュースター角と呼ばれているもので、その関係式は、

$$\tan \theta_{in} = n$$
θ_{in}：光線の入射角度
n：媒質の屈折率

で示されます。

　例えば、ガラスの屈折率を n = 1.5 とすると、ブリュースター角は、56.3°になります。この角度で自然光が入射するとガラス表面で反射されるのはS偏光のみとなります。したがって、この位置で偏光フィルタを入れれば反射光は除去されます。

　逆に、この角度からP偏光のみの光を入れてやると、光の反射は全くなくなり、媒質の中にずぶっと入っていってしまいます。レーザ発振器のブリュースター窓はこのように設計されています。

●ブリュースター窓

ガスレーザでは、図3-6-2に示すようにレーザチューブがある角度を持って作られています。チューブの外側に設けられた外部ミラーによるレーザ発振は、チューブ端面の窓ガラスで光を何度も往復すると、ガラス面の反射による損失が無視できなくなります。しかし、ある角度を持って光学ガラスを取り付けると、反射がほとんどない状況が作り出せます。

この角度を、発見者ブリュースター（Sir David Brewster）の名前にちなんでブリュースター角といいます。この窓を設けると、この窓に垂直な光の成分だけをほとんど損失なしに透過できようになります。しかし、その光は偏光を持ったものになるため、出力光を偏光フィルタを通して見ると光が見えなくなってしまいます。ブリュースター窓を設けたレーザ出力は、きれいな直線偏光となるので、偏光を用いる応用には便利となります。

図 3-6-1 偏光角度

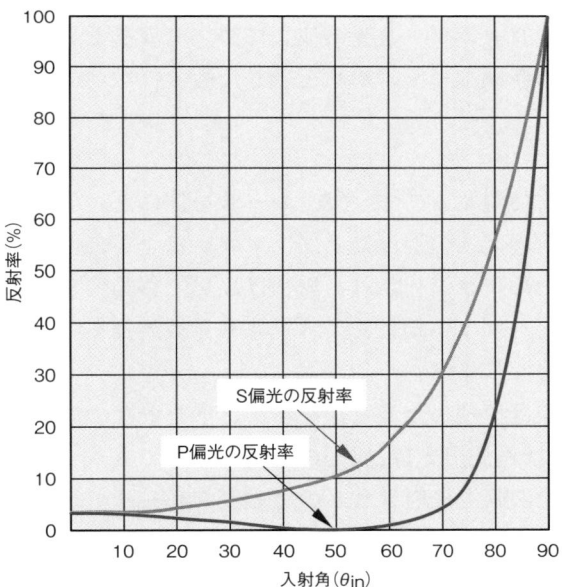

（グラフ：横軸 入射角(θ_{in})、縦軸 反射率(%)、S偏光の反射率、P偏光の反射率）

図 3-6-2 ブリュースター窓

ブリュースター窓　　放電管＝レーザ管
全反射鏡　　放電管中と反射鏡間を何度も光が往復するので損失を抑えるための窓　　ブリュースター窓　　レーザの出力窓　　部分透過鏡

3-7 縦モードと横モード

　レーザ光を細かく見てみると、光の品質に「縦モード」と呼ばれるものと「横モード」と呼ばれるものがあります。レーザ光を正しく使うためにはこれらのモードの意味を理解して正しく使う必要があります。

　レーザビームの縦モードは、レーザビーム光の波長について表したものであり、横モードはビーム自体の断面のビーム形状を表したものです。

●縦モード

　縦モードはガスレーザが顕著に現れるので、ガスレーザを例にとって説明します。ガスレーザチューブ内のガスの温度は、プラズマ状になっているため高温になっています。このためイオン化された原子は高速で移動するので、その原子から放射される光はドップラー効果によって基本発振波長を中心として広い波長幅を持った発振となります。

　この光は面白いことに、実際は連続した光とはならずに飛び飛びの波長となります。レーザチューブ内の誘導放出光は、原子の運動によってドップラーシフトした光となって連続した波長で放射されるのですが、レーザチューブ（キャビティ）の共振構造により、キャビティの発振周波数に合った光しか発振されないので、飛び飛びの光となって現れます。これが、レーザのカタログに出ている縦モードと呼ばれるものです。縦モードは、レーザキャビティの長さ d によって決まる周波数で、以下の式で求められます。

$$f = m(c/2d)$$

　　f：縦モード周波数
　　m：整数
　　c：光速
　　d：レーザキャビティの共振長（ミラー間の距離）

図3-7-1 レーザ光の縦モード

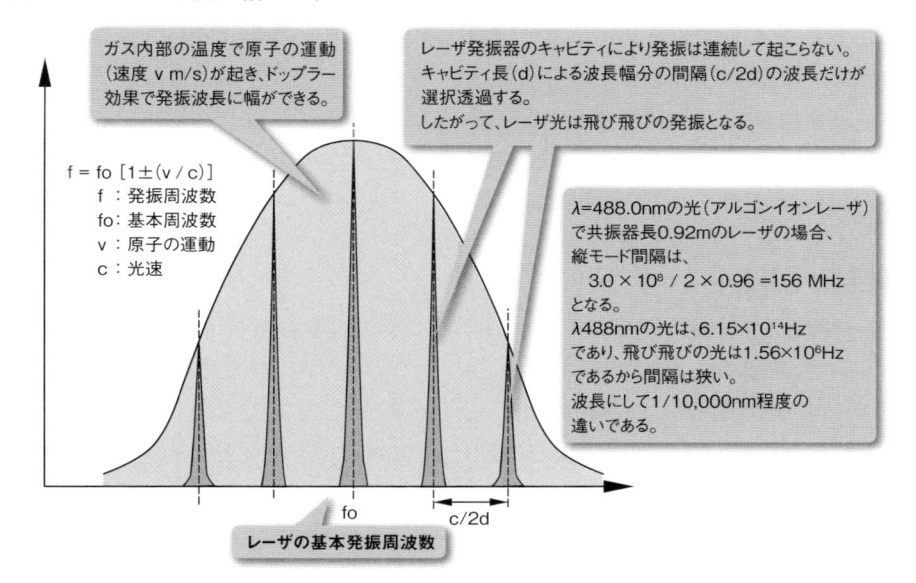

ガス内部の温度で原子の運動（速度 v m/s）が起き、ドップラー効果で発振波長に幅ができる。

レーザ発振器のキャビティにより発振は連続して起こらない。キャビティ長(d)による波長幅分の間隔(c/2d)の波長だけが選択透過する。
したがって、レーザ光は飛び飛びの発振となる。

$f = f_0 [1 \pm (v/c)]$
 f：発振周波数
 fo：基本周波数
 v：原子の運動
 c：光速

λ=488.0nmの光（アルゴンイオンレーザ）で共振器長0.92mのレーザの場合、縦モード間隔は、
 $3.0 \times 10^8 / 2 \times 0.96 = 156$ MHz
となる。
λ488nmの光は、6.15×10^{14}Hzであり、飛び飛びの光は1.56×10^6Hzであるから間隔は狭い。
波長にして1/10,000nm程度の違いである。

fo
c/2d
レーザの基本発振周波数

この式から、d = 1m の時、f = 150MHz が求まります。つまりこの共振器では、150MHz の倍数を持つ光しか発振できないことになります。d が大きいと（キャビティの長さが長いと）縦モード周波数が小さくなりますから、発振できる光は細かくなり、逆に、d の値が小さいほど周波数が大きくなって、単一発振ができるようになります。単一発振したい場合は、共振器の長さを短くすればよいのですが、短くすると発振のための増幅がとれず、レーザ発振ができない可能性がでてきます。縦モードが論議されるのは、極めて狭い発振波長が欲しいときに限られます。

　ガスレーザは、上記のようにある幅を持って光が発振され、加えて飛び飛びの光となります。ガスの運動によるドップラーシフト周波数は、

$f = f_0 [1 \pm (v/c)]$
　　f ：ドップラー効果によるレーザ発振周波数のシフトした周波数（Hz）
　　f_0：レーザの基本発振周波数
　　v ：レーザガスの運動速度
　　c ：光速

で示され、v／cの値は、0.000007となり、ほんの少し波長のずれた光が出ることになります。そのずれは、488.0nmの中に全部入ってしまう程度の幅の光ということがわかります。

波長を厳密に取り扱わなければならない分野では、この波長幅での発振も許されないので、櫛形をした発振波長をさらにひとつに選別して取り出すことが行われます。

●横モード

レーザビームの断面を見ると、図3-7-2のような強度分布を持った形状であることが認められています。このようなビームの強度分布のことを、断面モードとか横モードと呼んでいます。また、この断面モードのことを、TEMといういい方をあてて、TEM_{00}、TEM_{01}、TEM_{11}という呼び方をし、これでおよそのビーム断面形状を特定しています。TEMとは、Transverse Electro Magneticモード（T：横方向、E：電気、M：磁気）の略で、電磁波の伝搬する横モード（Transverse mode）を示し、電波やマイクロウェーブ、光波光学でよく使われる単語です。

一般にTEM（横）モードは、レーザ光のように位相が揃った光がある空間内を伝搬するときに電磁波の位相がずれるために起きる現象で、レーザを発振させる共振器（キャビティ）の構造によって図3-7-2に示すような断面モードが現れます。したがってこのモードは、電磁波であるが故の強度パターンといえます。マイクロ波（電波）においても導波管（無線送信を行う発振器）でもTEMモードパターンはあります。また、TEMモードではありませんが、光ファイバ内にレーザ光を入射させてもファイバ内で伝達していく光路差が異なるために図3-7-3に示したような複雑な断面モードが現れます。これも同様の現象です。光ファイバではこのパターンのことをスペックルといっています。

TEM_{mn}に付けられているmとnの添え字は、mがEモード成分を表し、nがMモード成分を示して、互いに直角の成分となります。m、nは、整数で示されます。

TEM_{mn}にはmとnで組み合わせられるたくさんのモードが存在します。簡単にいえば、mはビーム断面を水平に切る本数で、nは垂直に切る本数と

なります。したがって TEM_{00} では、ガウス分布を持った一塊のビーム断面形状になります。

一般的にレーザビームの横モードは、TEM_{00} 形状を持つモードが扱いやすいためこのモードにして使われます。光ファイバに入れる場合にもこのモードが使われ、ビームを集光して使う CD や DVD などのピックアップ光源にもこのモードが使われます。

光ファイバを使った光通信では、モードが崩れることは信号のノイズが増

図 3-7-2　レーザ光の横モード

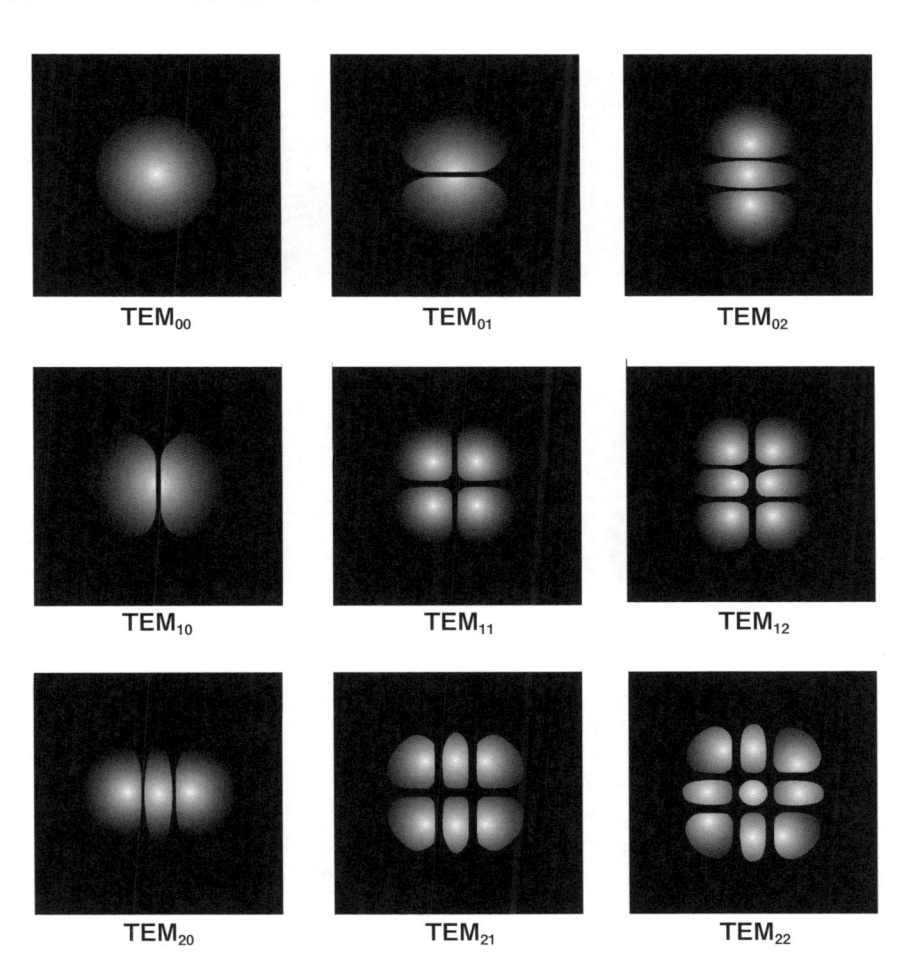

TEM_{00}	TEM_{01}	TEM_{02}
TEM_{10}	TEM_{11}	TEM_{12}
TEM_{20}	TEM_{21}	TEM_{22}

えることを意味しますので、スペックルの現れない、シングルモードが使われます（140ページ参照）。

　光ファイバと半導体レーザを組み合わせて、カメラ用の光源として使う場合、図3-7-3に示したようなスペックルの顕著なレーザ光となり、とても見づらいものになります。レーザ光自体は、本来コヒーレントなものであるためにスペックルが出やすく、カメラ撮影の光源としては不適当なものです。これを光ファイバと一緒に使うとスペックルがさらに顕著に現れることになります。レーザ光のスペックルを排除するには、180ページで紹介するスペックルを除去する装置「スペックルキラー」を使います。

図3-7-3　光ファイバに見られるレーザ光のスペックル（横モード）

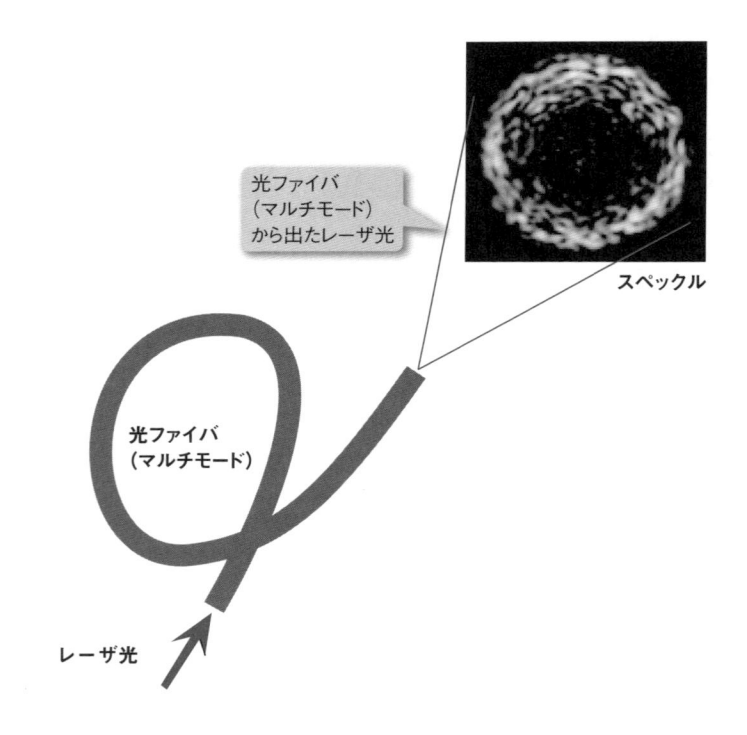

3-8 ビームの品質 – M²

　出力されるレーザビームの品質を定量的に扱う数値としてM²（エムスクエア）があります。M²は、ビーム品質を表す数値表現で、この値が1に近づけば近づくほどビームの品質がよく素直なビームとなり、レーザを拡げたり集光させる場合に都合がよくなります。品質の悪いレーザになると、M²が数百になることもあります。

　M²は、ビーム品質を定量的に求めるために規格化されたもので、ISO11146にも登録されています。

$$\theta = M^2(\lambda / \pi \cdot \omega_0)$$
　θ　：ビーム拡がり角（ビームダイバージェンス）
　M^2：ビーム品質値
　λ　：レーザ発振波長
　π　：円周率（3.14159）
　ω_0：ビーム集光位置でのビーム径

　上の式は、先に紹介したレーザ共振器内のビームの形状とビーム拡がり角 θ の関係式と同じことをいっています。したがって、M²は一種の係数とも取れなくありません。上の式に示されるビームの拡がり角 θ は、使用する波長（λ）とビームの最小径（ω_0）によって決まり、係数としてM²があるということを示していて、M²の値が大きいほど、ビームは拡がることを示しています。M²は、1以下の数値を取り得ませんから、理想のレーザビーム（ガウス分布形状をしたビーム）の拡がりは、使用する波長（λ）とビームの最小径（ω_0）によって決まり、M²は、理想のガウス分布によるビームからかけ離れた度合いを示す係数となり、これが大きくなるほど拡がりが大きくなります。

3-9 レーザの明るさ ①
光の単位

　レーザの光の単位を表すのに、「W（ワット）」が使われます。通常の照明光に使われる照度（ルクス）、やディスプレイなどの輝度発光体に使われる輝度（ニト）とは別の単位を使っています。なおかつ、LED電球でよく使われている消費電力のW（ワット）でもないのです。非常に混同しやすい光の単位の扱いです。

　半導体レーザの光の単位は、光のエネルギーをそのままW表示で使っています。レーザが開発された時代からずっとそうです。レーザは単色光であり自然光のような白色光ではありません。なおかつ、レーザが作られた時代は赤外発振が多く、目に見えない光が多くありました。こうした理由で、レーザ光の明るさを示す目安として光エネルギーのワット表示が使われてきたのです。

　ちなみに、歴史的に見てレーザの発光効率は極めて低く、例えばガスレー

図 3-9-1　レーザの明るさ

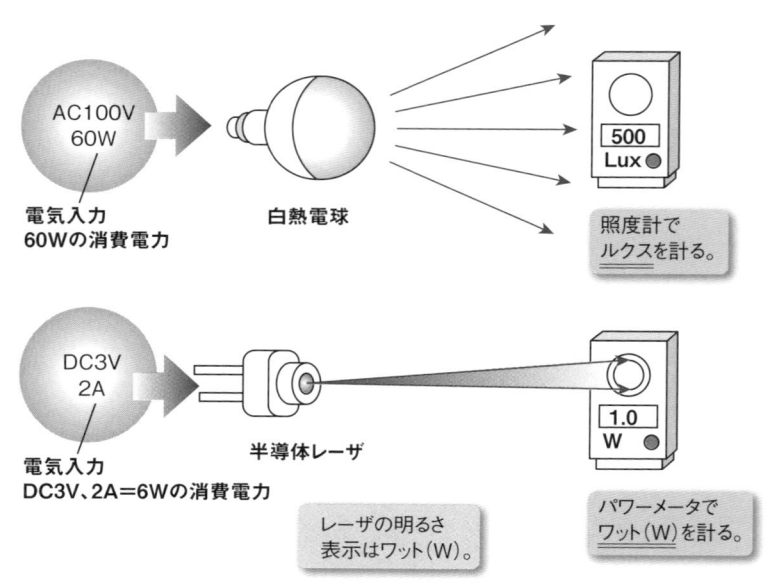

AC100V 60W
電気入力
60Wの消費電力

白熱電球

照度計で
ルクスを計る。
500 Lux

DC3V 2A
電気入力
DC3V、2A＝6Wの消費電力

半導体レーザ

レーザの明るさ
表示はワット(W)。

パワーメータで
ワット(W)を計る。
1.0 W

ザであるアルゴンイオンレーザは、3相200 V、20 Aの電力を使って4 Wの光しか得ることができません。電力（6.92kW）の0.06%しか光として取り出せないのです。半導体レーザは、こうした歴史的なレーザと比べて異次元ともいえる高効率を持っています。例えば、2.4VDC、0.7 Aの電力（1.68 W）の半導体レーザでは0.5 Wの光出力が得られます。この発光効率は約30%です。この数値は大した数値といえましょう。

●光の単位－ワット、ルクス、ルーメン

　ここで、光の単位について触れておきます。半導体レーザに関する書物で、光の量について解説しているものは多くありません。半導体レーザそのものは光が出るのに、光の量について解説をしていないのは少し残念な気持ちがします。

　光はレーザができる前から存在していて、松明やろうそく、ガス灯、白熱電球といった人工光源を得るようになって、明るさを論議することが多くなりました。我々が一番馴染みの深い光の単位は「照度」でしょう。照度は一般的な明るさの目安となっていて、作業机の上の照度は約1,000ルクス、夏の晴れた昼下がりの照度は100,000ルクス、などといういい方をしておおよその明るさの目安としています。

　本来、光の定義は発光体の「光度」（カンデラ）からきています。照度は、発光体の光度から発する「光束」（ルーメン）が単位面積（m^2）に入射する量で定義されたものだったのです。

　図3-9-2に光の単位の関係を表します。図を見てみると光の単位は、光度を源流として派生的な光の量が定義されていることがわかります。光度そのものはガス灯が始まった19世紀に概念が考え出され、その概念をもとにISOでカンデラ（光度）が規定されました。カンデラは白色光、それも黒体を想定した熱発光による放射光で定義されていました。当時は、波長という考え方が曖昧で理想の黒体から放射する光の総量から光度を規定していました。その光度が放射する光を光束と定義し、四方八方に拡がる立体角（4π）に光度を乗じた値を全光束と定義しました。また、立体角に占める面積とそこに入射する光束で照度を定義したため、光源から1m離れた距離の単位立体角（1ステラジアン）の占める面積は$1m^2$であるため、光度1カンデラの

図3-9-2 光の単位

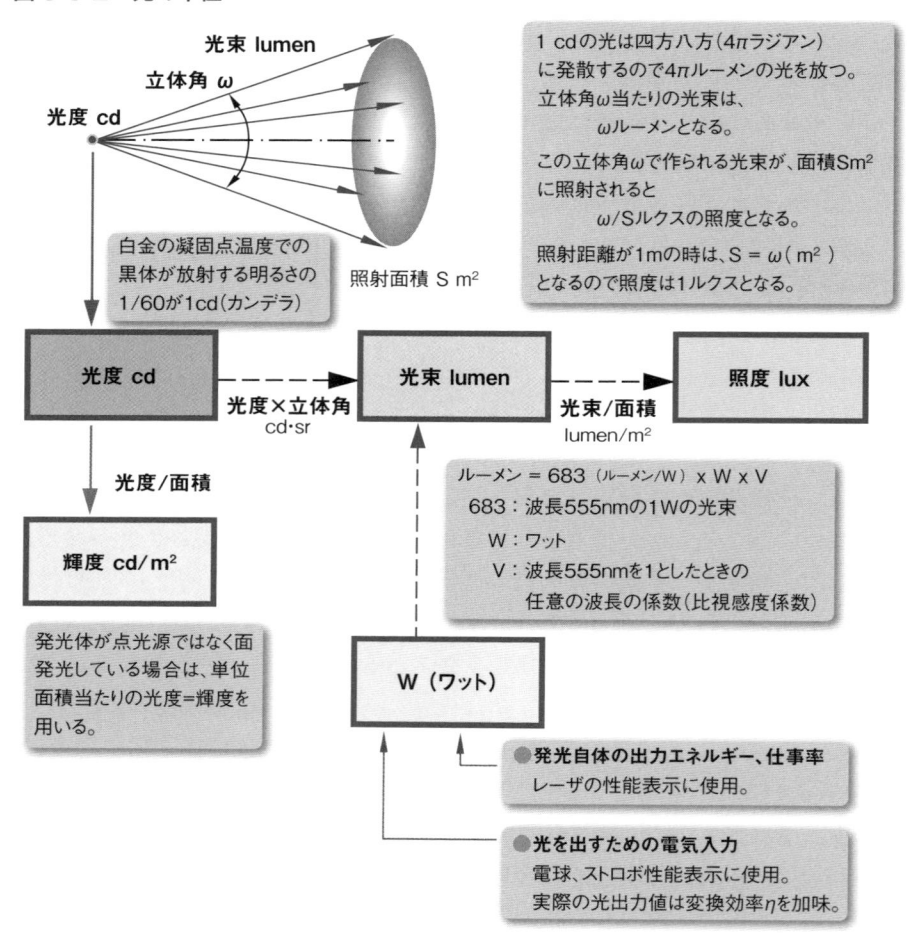

光束 lumen / 立体角 ω / 光度 cd

白金の凝固点温度での黒体が放射する明るさの1/60が1cd（カンデラ）

照射面積 S m²

1cdの光は四方八方（4πラジアン）に発散するので4πルーメンの光を放つ。立体角ω当たりの光束は、
　ωルーメンとなる。
この立体角ωで作られる光束が、面積Sm²に照射されると
　ω/Sルクスの照度となる。
照射距離が1mの時は、S＝ω（m²）となるので照度は1ルクスとなる。

光度 cd → （光度×立体角 cd·sr）→ **光束 lumen** → （光束/面積 lumen/m²）→ **照度 lux**

光度/面積 → **輝度 cd/m²**

発光体が点光源ではなく面発光している場合は、単位面積当たりの光度＝輝度を用いる。

ルーメン ＝ 683（ルーメン/W）× W × V
683：波長555nmの1Wの光束
W：ワット
V：波長555nmを1としたときの任意の波長の係数（比視感度係数）

W（ワット）

● 発光自体の出力エネルギー、仕事率
　レーザの性能表示に使用。

● 光を出すための電気入力
　電球、ストロボ性能表示に使用。
　実際の光出力値は変換効率ηを加味。

光源が1m離れた距離に照射する照度が1ルクス（ルーメン/m²）と定義されました。

●ワット（W）の登場

そして、光の量を扱う単位としてワット（W）が登場します。光源に関するワットは、2つの意味で使われます。ひとつは電気を使った光源による電気の消費量を表す意味、もうひとつは光そのものをエネルギー表示する意味

です。前者の使い方は白熱電球や蛍光灯、発光ダイオードでよく使われます。後者はレーザの光出力に使われます。

　白熱電球や蛍光灯のワット表示は、電気の消費量の意識が強いもので、電気の消費量を光のパワーに換算して発光量を推し量るものでした。レーザの場合は、ほかの白色光源とは趣が違って線幅の狭い単一波長の光であったり、赤外発光のためにルクス換算ができない問題があったり、発光効率が著しく低いために消費電力で光量を推し量ることが困難であったために、光出力そのものをパワーメータで測って表されるようになりました。

　ワットで光の量を表すとき、旧来のカンデラ・ルーメン・ルクスでの表現とどのような互換性を持つのかが問題になります。そこで、人の目が最も効率よく光に反応する波長555nmに関して、この波長の光が光エネルギーでどの程度の量を持っているかを調べた結果、

$$1\,W = 683\,ルーメン\ @555nm$$

であることが確かめられ、これが新しい光の定義となっていきました。

　ワットで光の単位を表すようになると、カンデラの定義も見直さざるを得なくなって、1979年10月11日、パリで開かれた第16回度量衡総会では光度の単位を以下のように取り決めました。

　『1cd（カンデラ）は、光の周波数 540×10^{12} Hz において、問題とする方向の放射強度が 1/683〔W/ステラジアン〕である光源の特定方向への放射強度とする。』

　この取り決めの意味するところは、1カンデラの定義が555nmの波長で1/683 Wと定義されたことと、なおかつ放射方向が単位立体角の1ステラジアンでよくなったことです。すなわち、指向性を持った単色光のレーザや発光ダイオードでもカンデラとして換算表示できることになったのです。

3・レーザの基礎知識Ⅱ

3-10 レーザの明るさ②
比視感度／照度換算／発光効率

● **比視感度**

　光がエネルギー単位で表されることは理解できますが、ここで問題がひとつ浮上します。光は人の五感の中で大切な情報源となっています。しかし人の目は限られた波長の光しか感じることが出来ません。赤外光などいくら強い光エネルギーであっても人の目には感じることができないのです。

　度量衡総会で決めた光の定義もワットになりましたが、旧来のルーメン単位との互換性を保つため波長 555nm での定義となりました。ほかの波長についてはどうかというと、図 3-10-1 の比視感度曲線から比視感度値を求めて、555nm の時の比視感度を 1 として任意の波長に対する比視感度値を乗じてワットからルーメンへの換算を行うようにしました。

　したがって、赤色レーザの波長と出力がわかっているとき、比視感度曲線から赤色レーザの発する波長の比視感度値を用いて、

図 3-10-1　比視感度曲線

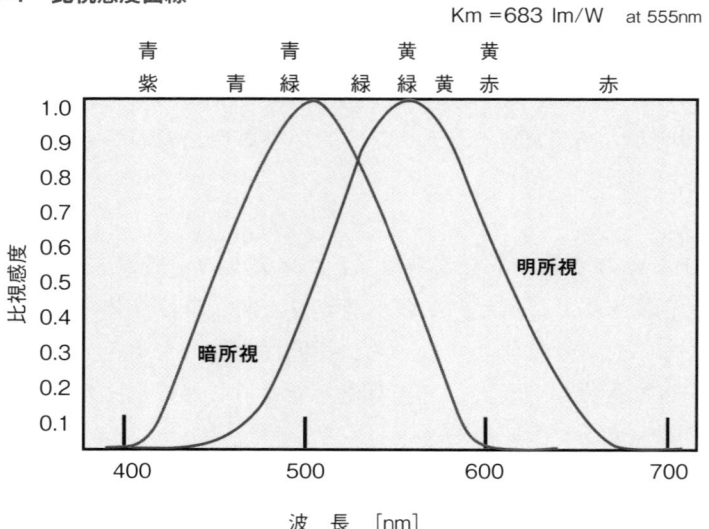

K_m =683 lm/W　at 555nm

比視感度値〔Km〕× 出力〔W〕× 683〔ルーメン〕

を計算すれば、赤色レーザ出力の光束が求まります。このレーザをレンズを使って拡げてある照射面積に投影すれば、レーザの光束（ルーメン）を照射面積（m^2）で割って照度（ルクス）を求めることができます。

●レーザ光の照度換算

波長 650nm の赤色半導体レーザ、0.5W 出力の照度換算をしてみます。対象とするレーザは、146 ページで紹介しているソニーの SLD1332V とします。まず、発振波長の 650nm の比視感度値（Km）は 0.107 であるので、0.5W 出力のレーザの持つ光束（ルーメン）は、

0.107 × 0.5〔W〕× 683〔ルーメン/W〕= 36.54〔ルーメン〕

36.54 ルーメンとなることがわかります。このレーザは、出力窓から水平 10 度、垂直 21 度で拡がるので、レーザから 10cm（0.1 m）離れた所では水平 17.5mm（0.0175 m）、垂直 37.07mm（0.03707 m）の楕円となります。楕円の面積は、π × 短軸/2 × 長軸/2 で求まるので、レーザから 10cm 離れた位置でのビームの面積は、

π × 0.0087〔m〕× 0.0185〔m〕= 0.506 × 10^{-3}〔m^2〕

となります。ここに 36.54 ルーメンの光束が入射しているので、楕円の面積で割ってやれば照度が求まります。

36.54〔ルーメン〕/ 0.506 × 10^{-3}〔m^2〕= 72,200〔ルーメン/m^2〕（ルクス）

7 万ルクスはかなり明るい値で、屋外の晴天下の照度です。500 ルクス程度の室内でこのビームを見ると、明るさが室内よりも 143 倍も明るく見えます。この半導体レーザを射出距離 1m にすると、レーザビームは 175 mm × 371 mm の楕円となり、面積比で 100 倍になるので、照度は 1/100 の 700 ル

クス程度となります。700ルクスは室内とほぼ同じ明るさです。半導体レーザは円錐状にビームが拡がるので、コリメータレンズを使ってビームの拡がりを抑制して平行ビームにすれば、光の密度は保持されるので、強い照度で対象物を照らすことができます。

図 3-10-2　赤色レーザの照度

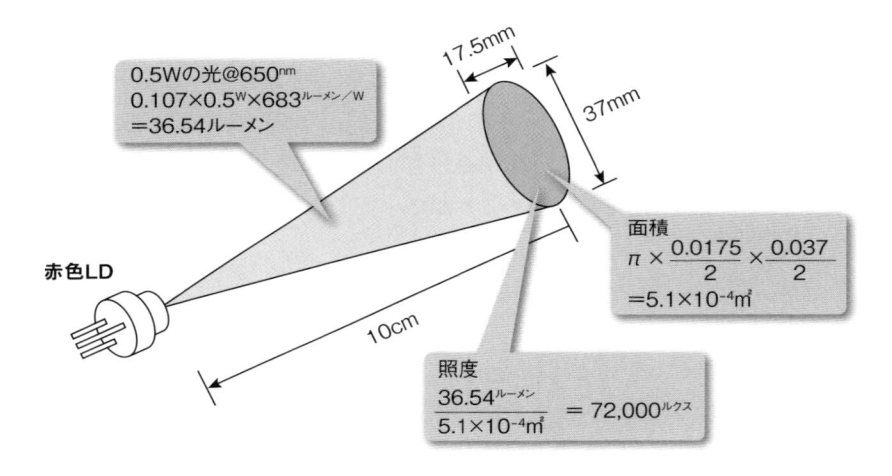

0.5Wの光@650nm
0.107×0.5W×683ルーメン／W
＝36.54ルーメン

赤色LD

17.5mm
37mm
10cm

面積
$\pi \times \dfrac{0.0175}{2} \times \dfrac{0.037}{2}$
$= 5.1 \times 10^{-4}$㎡

照度
$\dfrac{36.54\text{ルーメン}}{5.1 \times 10^{-4}\text{㎡}} = 72{,}000$ルクス

●半導体レーザの発光効率

　レーザの光出力は、ワット（W）で表されることがほとんどなので、発光効率を求めることが簡単にできます。すなわち、半導体レーザが使う消費電力（W）に対して半導体レーザの出力する光エネルギーもワット（W）で表されるため、その比をとってやれば、消費電力に対する発光エネルギーの割合を簡単に求めることができるのです。図 3-10-3 に発光効率の概念を示します。電気エネルギーに対してどれだけの光エネルギーが得られるかを示しています。光エネルギーに変えられなかった電気エネルギーは熱となります。ちなみにソニーのSLD1332Vは、0.5Wの光出力に対して、動作電圧は2.4Vで、動作電流が0.7Aです。

$$2.4 \,[\text{V}] \times 0.7 \,[\text{A}] = 1.68 \,[\text{W}]$$

1.68W の消費電力に対して、0.5 Wの光出力が出るので、

発光効率〔％〕＝光出力／消費電力＝ 0.5/1.68〔W〕× 100 ＝ 29.8

となり、約 30% の発光効率となります。この値は同じ仲間の発光ダイオードに比べても秀でた値です。半導体レーザがいかに効率よく発光しているかがわかる値です。半導体レーザが高効率であるのは、ダブルヘテロ構造と量子井戸構造、ゲインガイド構造などの効率のよい半導体構造を解明していった結果だといえましょう。表 3-10-1 に一般的な半導体レーザの発光効率を示しました。半導体レーザはかなり効率よく発光をしていることがわかります。ちなみに、光源の仲間のなかで白熱電球は消費する電気エネルギの 8 〜 10% しか光に換えられません。蛍光灯も 25% 程度です。

図 3-10-3　発光効率

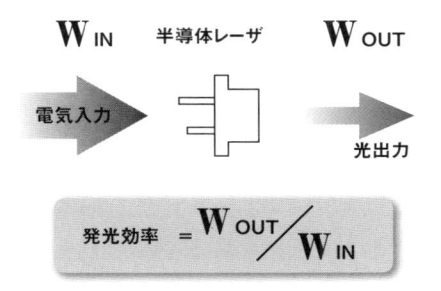

$$発光効率 = W_{OUT} / W_{IN}$$

表 3-10-1　各種半導体レーザの発光効率例

半導体レーザ	製品	光出力	動作電圧	動作電流	発光効率(%)
赤外半導体レーザ 805nm	ソニー SLD332F	1 W	1.8V	1.2 A	46.3
同上	ソニー SLD433S4	60W	2.5V	75A	32
赤色半導体レーザ 658 nm	三洋 DL-7147-201	60mW	2.5V	90mA	26.7
青色半導体レーザ	Nichia NDV7112	600 mW	4.1V	550 mA	26.6

3-11 パルスレーザ、連続発振レーザ

　レーザは、大きく分けて、フラッシュライトのように単発で光る発振と、連続して発振するモードの2つに分けられます。この発振のタイプはレーザの種類によって決まります。レーザによってはパルスでしか発振できないものと、連続でしか発振しないもの、両方ともできるものがあります。ガスレーザは連続発振であり、固体レーザはパルス発振と連続発振ができ、銅蒸気レーザなどの金属蒸気レーザやエキシマレーザはパルス発振です。

　金属蒸気レーザやエキシマレーザは強い励起光を入れないと反転分布が得られないため高圧、高電流、短時間で高周波スイッチングができるサイラトロン（Thyratron、電子管）を利用して発振させています。ガラスレーザや出力の高いYAGレーザもパルス発振となります。パルス発振と連続発振は、レーザ自体の発振原理による固有のものの場合と、使用する目的によって連続レーザをパルス発振に変換する場合があります。

　パルス発振の特徴は、発振周波数を変えることによりレーザ出力光を制御することができたり、1発当たりの発光エネルギーを強くすることができるため、照射物体に精度のよいレーザエネルギーを照射することが可能となります。また、パルス発光では、発光エネルギーのピーク値が高いため、平均出力が比較的低いものでも金属を加工できる能力を持ち合わせています。

●レーザ出力を表す値の算出法

　レーザの出力を示す値には、平均出力、ピーク出力、発光エネルギー、発振周波数があります。単位は、W（ワット）とJ（ジュール）の2つです。単発発光の場合には、エネルギー総量であるジュールで表します。ピークエネルギーと発光幅を掛け合わせるとおおよそのエネルギーが求まります。発光幅が低くてピークエネルギーが高い発光は、総エネルギーが小さいものの、強いレーザといえます。

　1秒間に複数回のパルス発光があるときはその総量をまとめてワット（W

= J/s）で表します。パルスレーザは、発光のピーク値が連続発光レーザの出力値に比べて高いものの、平均出力はパルス幅とピーク出力の積、それに発振周波数分を加え合わせたものとなるので、低めに算出されます。平均出力が低いパルスレーザでも発光自体はかなり強い光が出ているので慎重に扱う必要があります。平均出力が数W程度でもピークエネルギーが数十kWもあるパルスレーザでは金属を穿つだけのエネルギーを持っています。

図3-11-1　パルス光と連続光

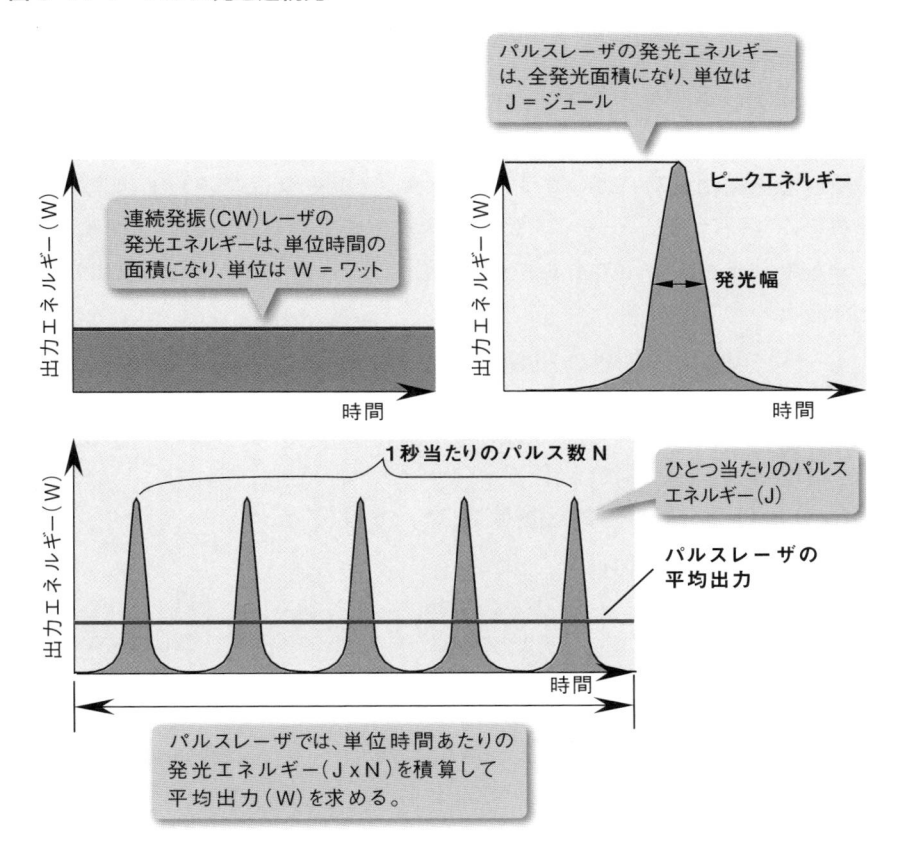

3-12 Qスイッチ

　YAGレーザなどでのレーザ発振で、励起光源に輝度の強いキセノンフラッシュを使えば高いエネルギーのパルス発振を行うことが可能です。また、「Qスイッチ」と呼ばれる光学手法で瞬間的に大きなエネルギーを取り出すことができます。

　Qスイッチレーザは、レーザがこの世で初めて発振された1960年の翌年にヘルワース(Robert W. Hellwarth)によって考案され、1962年にルビーレーザを使って発振に成功しています。Qスイッチレーザは、予め励起光源で反転分布を作り続け、光学シャッタにより一転してその分布を解除してやると、反転分布で貯まっていたエネルギーが雪崩のようなかたちで誘導放出光が放出されるというものです。

　Q値とは「Quality Factor Value」のことで、もとは振動工学の分野で使われていました。レーザ工学で使われるQ値は、レーザを発振させる際の発振器の性能の目安で、Q値が高いほど発振しやすい共振器ということがいえます。

●Q値を操作してレーザ発振をオン/オフする

　レーザ光学で使うQ値は、

$Q = 2 \times \pi \times L / (\lambda \times a)$

　　Q：Q値
　　π：円周率、3.14159
　　L：共振器間隔
　　λ：レーザ発振波長
　　a：共振器で失われるエネルギーの割合 $= 1 - R$
　　R：反射鏡の反射率

で表されます。この式は本来、

$$Q = 2\pi\nu \times \frac{(共振器内に蓄えられた場のエネルギー)}{(共振器から失われるエネルギー)}$$

から求められています。ν は振動数を示します。上の式からわかるように、振動数の高いものほど共振が起きやすいことがわかります。

　この Q 値を人為的に外部で操作して変化させることにより、つまり、上の式の a を意図的に変化させて、レーザの発振を行ったり止めたりすることができるようになります。この操作を Q スイッチと呼んでいて、高速でこの操作を行うことによってエネルギー密度の高い（ピークエネルギーの高い、もしくは尖頭値の高い）レーザ光を取り出すことができます。

　連続したパルス発振では、1 発当たりのエネルギーが 400mJ から 1,800mJ まで得られ、紫外光に変換しても 190mJ 程度の出力が可能です。ロッドを励起させる励起光源はキセノンフラッシュランプが一般的であるので、このフラッシュランプの性能によってレーザの繰り返し発光が決まり、一般的に 10 〜 30Hz 程度となっています。1,000Hz 以上の発振周波数を持つレーザの場合、キセノンフラッシュランプでは応答しないので励起光源にクリプトンランプを用い AOM 光学装置で Q スイッチを行い高周波発振を達成しています。また、高周波発振が可能な半導体レーザを励起光源に使うことにより 5,000 〜 10,000Hz のパルス発振ができるレーザも開発されています。

図 3-12-1　Q スイッチの基本原理

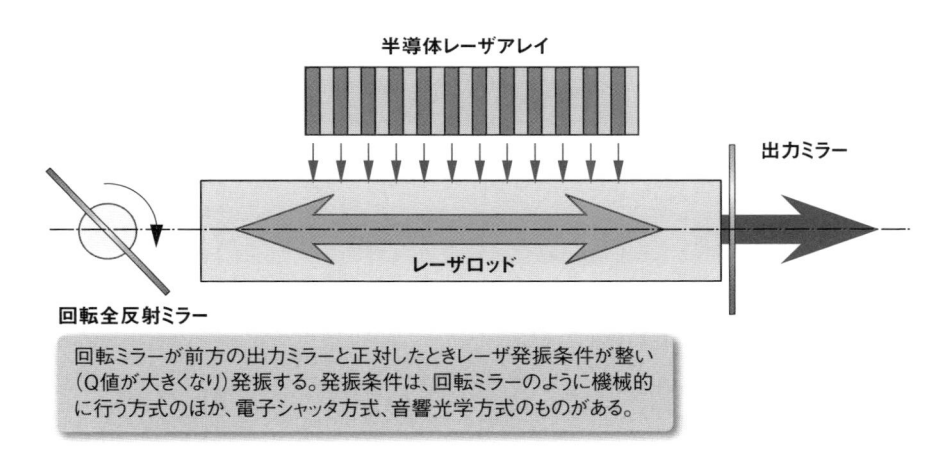

回転ミラーが前方の出力ミラーと正対したときレーザ発振条件が整い（Q 値が大きくなり）発振する。発振条件は、回転ミラーのように機械的に行う方式のほか、電子シャッタ方式、音響光学方式のものがある。

3-13 レーザの使用応用例 ①
距離や水準を測る

　レーザの特性を利用したいくつかの応用例を紹介します。本項では一般的なレーザにおける使用応用例を紹介し、半導体レーザの応用については、第5章を参照して下さい。

●長さを測る

　レーザによる測距技術を使うと、地球から38万km離れた距離をセンチメートル単位の誤差で求めることができます。もしこれがレーザでなくて強力なサーチライトであったとしたら、月までの38万kmの距離では光が散乱してしまい、それに精度のよいパルス発光もできないので実用には耐えられなかったことでしょう（図3-13-1 参照）。

　1969年、NASAのアポロ計画のアポロ11号宇宙船が持っていった道具のひとつに、レーザ反射鏡（46cm × 46cm、重量77kgのアルミパネル、表面に φ 38mm × 100個の溶融石英製のコーナーキューブ = reflector を配置）

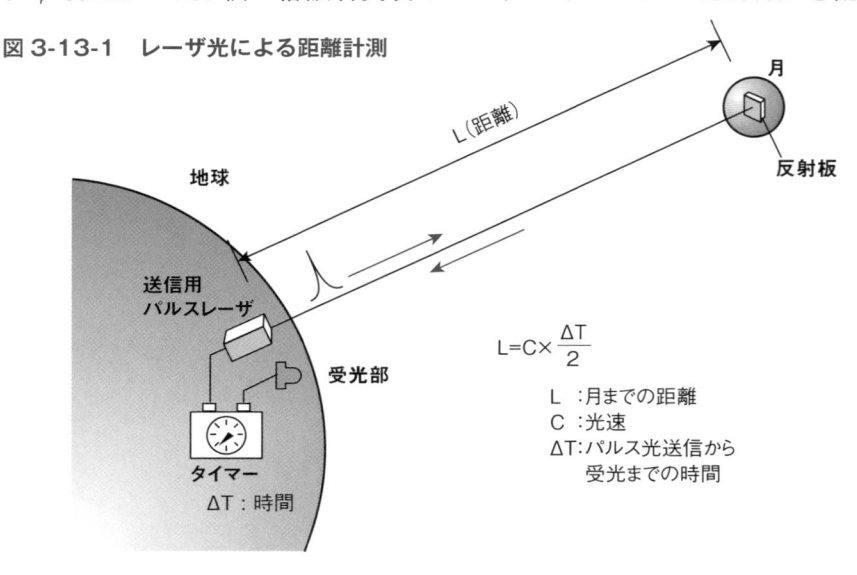

図3-13-1　レーザ光による距離計測

$$L = C \times \frac{\Delta T}{2}$$

L ：月までの距離
C ：光速
ΔT：パルス光送信から受光までの時間

がありました。オルドリン飛行士（Buzz Aldrin：1930～）は、この反射鏡を月面の「静かの海」に地球に向けて設置して帰ってきました。この反射鏡に向けて、地球の天文台からレーザを送り、この反射鏡で返ってくるレーザ光の時間を正確に計って、地球から月までの距離を1cm単位の精度（100億分の1）で計測しています。

　レーザは微小な長さ測定にも使われます。アメリカの物理学者マイケルソンの考案した干渉法にコヒーレント性の高いレーザを使うと、発光波長の1/4波長までの分解能で長さを測定することができます（図3-13-2参照）。この方法は、レーザビームを固定用（参照用）の光路と測定用の光路にビームスプリッタ（G1半透明鏡）で分けて両者の光路長を同じにしておきます。測定対象物をマイクロメータなどの微動装置で動かすと、観察拡大鏡を通したレーザ光に両者の道筋の違いによる干渉パターンが現れます。その干渉パターンを読み取って測定物の長さを求めます。この干渉計と λ = 632.8nm のヘリウムネオンレーザを使うと 0.15 μm 程度までの測定が可能となります。

図 3-13-2　レーザ干渉測定機の原理

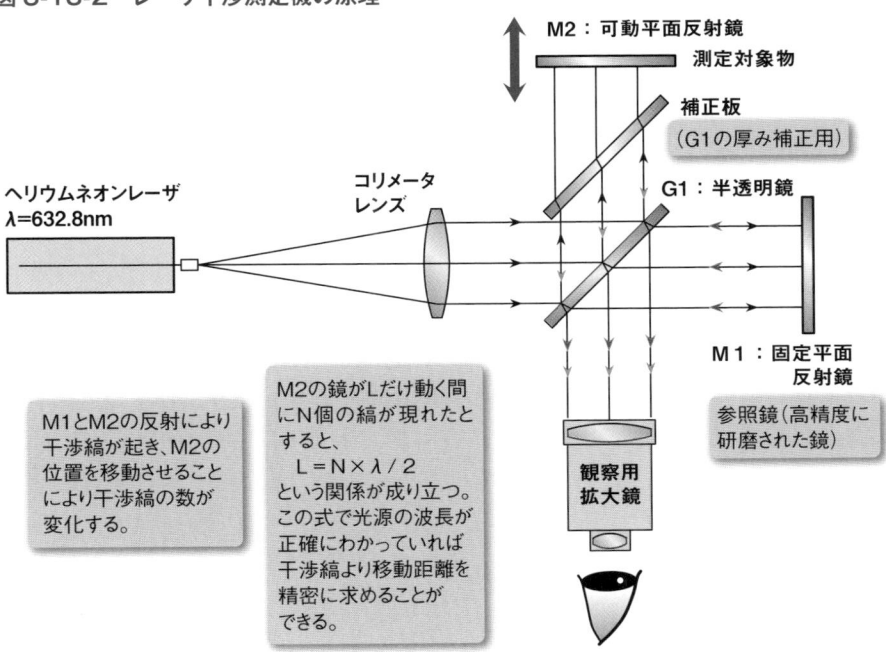

M2：可動平面反射鏡
測定対象物
補正板
（G1の厚み補正用）
ヘリウムネオンレーザ
λ=632.8nm
コリメータレンズ
G1：半透明鏡
M1：固定平面反射鏡
参照鏡（高精度に研磨された鏡）
観察用拡大鏡

M1とM2の反射により干渉縞が起き、M2の位置を移動させることにより干渉縞の数が変化する。

M2の鏡がLだけ動く間にN個の縞が現れたとすると、
　　L＝N×λ／2
という関係が成り立つ。この式で光源の波長が正確にわかっていれば干渉縞より移動距離を精密に求めることができる。

● ケガキ線（水準器）

　レーザの持つ直進性を利用して、精度の高い位置を割り出すレベル出し（水平面）目的に使用されています。レーザを用いた測量器は、手軽さと精度の高さで従来のものを圧倒してしまいました。高層ビル建設、大型造船建造、高速道路建設、新幹線のレール敷設、トンネル工事などの建造物の位置出し、レベル出しにレーザ測定器が使われています（144ページ参照）。

● 高密度記録

　私たちが聞いている音楽や、映画鑑賞用のCD、DVD装置には、ディスクを読み書きする素子に半導体レーザが使われています。12cmほどの円形ディスクには、信じられないほどの多くの情報が詰め込まれています。この情報は、ディスク円盤に1.6μmの間隔で、0.5μm×0.9μm、深さ0.11μm程度のピット（穴）を穿つという形で収められます。ディスクには、この穴が190億個も開けられているのです。この微小なピットを、半導体レーザの光で読み取り、それを情報として取り出しています。ピットの穴加工も、もちろんレーザで行います。微小な穴を穿ち、それを読みとることのできる光は、レーザでなければ不可能であったでしょう。光ディスクでは、レーザの持つ単色性や集光性、高密度な光束と干渉性、それに偏光が積極的に利用されています。

　プリンタにもレーザが使われています。昔は、ガスレーザが使われていましたが、半導体レーザの性能向上と価格の引き下げで幅広い範囲でレーザプリンタが製作されるようになりました。プリンタにレーザが使われるのは、感光ドラムにレーザビームを走査し、光が当たった部分にだけトナーが付着する原理に基づいています。従来は、静電気を利用した方式だったものを光の方式に変えたのです。レーザ光の持つ高エネルギー、細いビームライン、単色光で光学設計がしやすい特質を生かし、また半導体レーザの出現によって高性能のプリンタが安価に出回っています（126、134ページ参照）。

3-14 レーザの使用応用例 ②
材料加工／データ通信

●高温加工、微細加工

　レーザの持つ高密度エネルギー特性が生かされた装置です。エネルギーの高いYAGレーザや、炭酸ガスレーザ、ファイバレーザが使われています。ガスレーザの一種であるエキシマレーザは、発振波長が200nm近辺の紫外光であり、熱を伴わないので熱を加えず材料を蒸発によって切除することができます。この現象をアブレーション（ablation）といいます。この性質を利用して、エキシマレーザではプラスチックの切断、微細加工に威力を発揮しています。レーザはこのほか、材料の切断や接着のみならず、焼きなましや焼き入れ処理をする熱源としても使われています。

図 3-14-1　レーザ光による金属微細加工

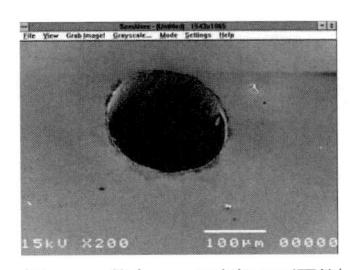

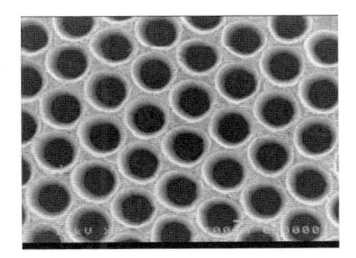

（数μm～数十μmの穴加工が可能）　　　　　資料提供：Oxford Lasers

●データ通信

　光通信が叫ばれて久しくなります。従来の通信には、銅線を介した有線の電気通信と、無線を使った電波通信がありました。これに加えて、光通信が確立されました。光通信は、銅線を光ファイバケーブルに置き換えたものです。光ファイバ通信が確立する以前の光通信は、無線通信のカテゴリーに入り、サーチライトの点滅、レーザのパルス発振などで通信を行っていました。しかしこの方法は、通信に時間がかかったり、天候が大きく左右し、安定性

に欠けました。

　光通信を光ファイバを通して行う発想はあったものの、レーザが開発された当時の光ファイバの伝送減衰は1km当たりマイナス数十デシベル（約1/10）であったため、数km毎に光を強める増幅器を入れねばならず実用化にはほど遠い状況でした。

　光減衰の少ない光ファイバが開発されるようになって伝送効率が極端に向上してくると、光（レーザ）で情報を送る方法の利点が増えてきました。これは低損失の光ファイバが1970年にアメリカのコーニング社によって開発され光明を見ました。さらに、1976年にベル電話機研究所のアトランタ工場内で10.6km長の光ファイバを使って825nmの半導体レーザによる通信を44.7Mbpsで成功させました。この成功によって光ファイバによる通信事業は新展開を迎えます。2011年にあっては、世界中くまなく光ファイバによる情報ネットワークが構築されています。

　光による信号伝送の利点は、光速で送れること、毎秒10ギガビット以上の送信が可能であること、配線がファイバであるため軽くて敷設が容易であること、などが挙げられます。光伝送には半導体レーザの小型化と高性能化、それに光ファイバの高性能化が不可欠でした。

　光通信においては、伝送距離が長いので光の減衰が最も頭を悩ませる課題のひとつでした。光減衰の少ないファイバは石英系のものであり、波長が$1.55\mu m$が最も効率がよいため、この帯域に合わせた半導体レーザが開発されました。また、波長分散の少ない帯域は$1.33\mu m$であるのでこの帯域での半導体レーザの開発も進められました。

　光ファイバのコストを下げる意味ではプラスチックファイバも魅力的で、ビル内での比較的短い距離の光通信などに用いられています。プラスチックファイバは650nm、780nmのものが光のロスが少なく、コストも安いのでこれに合わせた半導体レーザが使われます。

　新しい概念のファイバとして、ファイバと半導体レーザが一緒になったようなファイバレーザがあります。これは長距離通信を目的に開発されたもので、ファイバの中にレーザ機能が内蔵されファイバ自体で光を増幅していくものです。通信距離による減衰がなく逆に増幅していくので注目を集めています（詳細は48ページ参照）。

第4章

半導体レーザの
しくみ

本章では、半導体レーザの構造とレーザ発振のしくみについて解説しています。
半導体レーザの半導体素材は発光ダイオードと同じです。

4-1 半導体レーザの構造 ①
発光材料

半導体レーザの構造を詳しく見ることにします。

●半導体レーザの材料

半導体レーザの発光材料は、発光ダイオード（LED）と極めて似通っています。半導体の発光は、素子を構成する接合した2種類の半導体間のエネルギーギャップ（Eg）が大事な意味を持っています。半導体素子は、p型とn型の二種類の構造を持つ半導体を分子レベルで接合させたもので、その働きは、ダイオードに代表されるように、電気を一方向に流す働きがあります。その発展として、トランジスタのように電流増幅を行う働きや、高速スイッチングできる働きを持つ素子が作られました。

半導体素子は、電気を流すとき、その方向性（極性）も大切なのですが、それと同時に、ある電圧以上をかけないと流れないという性質を持っています。これは、半導体素子がpn接合であるため、電流を流すには、素子に一定以上の電圧を加えて電位の閾（しきい）を超える必要があるのです。その閾値は、半導体素子の材料で異なり、シリコンベースの半導体素子で0.6V、ゲルマニウムは低くて0.3Vとなっています。この閾電圧が、先に述べたエネルギーギャップ（Eg）と呼ばれるものです。

この電位差は、スイッチング素子として使用する場合にはエネルギーロスとなり、発熱の原因となるためあまり好まれない特性です。コンピュータの発熱の多くが、CPUやメモリ内のシリコントランジスタの閾値の電圧と流れる電流の積で求まる電力の総和なのです。集積回路では実にたくさんのトランジスタが組み込まれていますから、閾値電圧は無視できません。各トランジスタで、0.6Vの閾値に通過する電流を掛け合わせた電力が消費され、これが発熱となって放出されます。

発光ダイオードは、トランジスタと違ってこの閾値電圧を積極的に利用したものです。ただし、その閾値電圧もシリコンをベースにしたものでは光

出すことができず、エネルギーギャップの大きな半導体材料が使われます。
エネルギーギャップと発光波長の関係は、

$$\lambda = 1,240 / Eg$$
　　λ：発光ダイオードの発光波長（nm）
　　Eg：半導体材料のエネルギーギャップ（禁制帯幅：単位は eV）

で求まり、エネルギーギャップが大きいほど波長の短い光が放射されることがわかります。シリコンダイオードは、Eg が 0.6V であるため、上式より波長長 = 2,000nm の遠赤外放射であることがわかります。

●可視光領域の半導体素子の開発

1962 年、半導体レーザが発振したときの素子は、ヒ化ガリウムを用いた半導体でした。このエネルギーギャップは、1.43V であるため 867nm の赤外発光を持っていました。可視光（λ = 760～380nm）を発する半導体のエネルギーギャップ（禁制帯幅 Eg）は、1.63eV から 3.26eV が必要で、この範囲にある半導体結晶探しと製造手法の確立が発光ダイオード及び半導体レーザの大きな研究課題となりました。その結果、可視光領域の半導体素子が開発され、780nm 帯（赤外）= AlGaAs、1.3μm 帯（赤外）= InGaAsP、0.6μm 帯（赤）= AlGaInP、0.5μm 帯（緑）= ZnSe、0.4μm 帯（青）= GaN が作られました。興味あることに、これらの半導体材料は、すべて日本の研究機関で開発され、実用化されたものです。

表 4-1-1　半導体材料と発振波長

半導体材料	発振波長（nm）	色	応用
GaAs	867	赤外	最初の発振（赤外）
AlGaAs	780	赤外	CD/MD
InGaAsP	1,300/1,550	赤外	光ファイバ通信
AlGaInP	650	赤	DVD/ポインタ
ZnSe	500	緑	レーザディスプレイ
GaN	400	青	ブルーレイディスク

4-2 半導体レーザの構造 ②
発振原理

●フォトンとフォノン

　話が少し細かくなりますが、エネルギーギャップ（Eg）が大きい半導体素子であればすべてが可視光を発するというわけではありません。2つの半導体のエネルギー準位の位置、これを波数と呼んでいますが、両者の波数が揃った位置で放射されるエネルギーが光となり、それ以外は、音や熱などのエネルギーとなります。このエネルギーを光のフォトンと区別してフォノン（phonon、格子振動）と呼んでいます。波数はkという記号が与えられ、k＝$2\pi/\lambda$で示されます。この値は、電子波の空間的な振動状態を示すもので、半導体のエネルギー発光を見る際のひとつの要素となります。

　フォトンを伴うエネルギー放射ができる半導体発光を直接遷移型発光といい、フォノンを伴う半導体発光を間接遷移型発光といいます。間接遷移型は、一般的に発光が弱く効率が悪いので、特別の不純物を導入し励起された電子をいったんこの不純物で束縛して、これから発光を促すエネルギーに変換させています。黄色や緑の発光素子は、間接遷移型であるリン化ガリウム（GaP）で作られています。

図 4-2-1　半導体素子の発光（直接遷移型と間接遷移型）

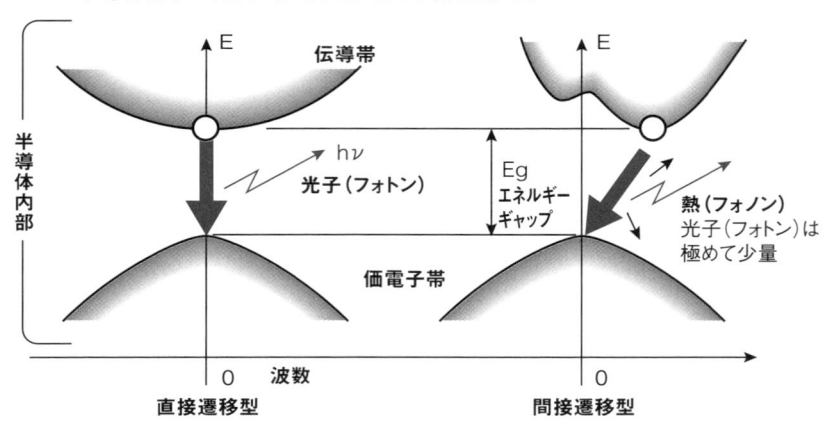

半導体素子では、電子はn型半導体からp型半導体へ流れるため、エネルギー放射である発光は電子を蓄えるn型半導体の結晶構造と、電子を受け入れるp型半導体の結晶構造のエネルギー準位で一意的に決められてしまいます。そうした理由から、半導体レーザと同じ材質の発光ダイオードでは、決められたエネルギー単位での光放射しかできないため、色の指向の強い単色発光となっているわけです。

●半導体構造

　半導体が発光をすることは、発光ダイオードでよく知られています。半導体レーザは発光ダイオードの兄妹のようなもので、基本的な素子、半導体素子は発光ダイオードと同じものを使っています。したがって赤外から可視光（赤色）の発光ダイオードができるのと期を同じくして赤色の半導体レーザが完成し、青色発光ダイオードができると青色半導体レーザができました。

　半導体レーザは、発光ダイオードにさらに手を加えてレーザ発振ができる条件を整えているのです。その発振条件を小さい半導体結晶ですべてやってしまったのだから驚かざるを得ません。半導体結晶の成長・生成技術とサブマイクロレベルでの製造技術のたまものといえましょう。

図4-2-2　半導体レーザの発振原理

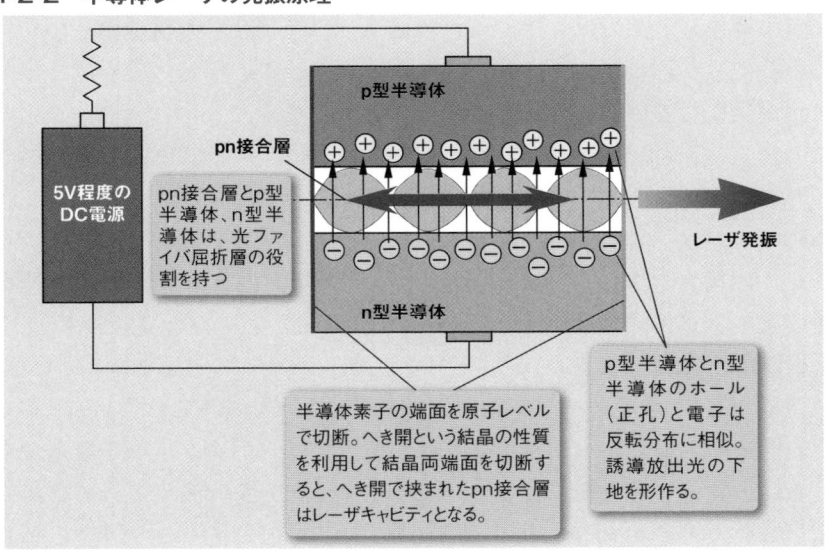

4-3 半導体レーザの構造 ③
ダブルヘテロ構造

●ダブルヘテロ構造

　半導体レーザの本を読んでいますと、半導体構造が「ダブルヘテロ構造になっている」などという記述がたくさん目にとまります。このダブルヘテロ構造なるものはどんなものなのでしょう。ヘテロ（Hetero）という言葉の意味は、もともとは「異種の」とか「異質の」とか「異教の」という意味があります。この言葉は、ギリシャ語の heter(o) から来た言葉で、英語の other の語源ともなった言葉です。同じような言葉で「均質な」という意味で homozygous（ホモジーニアス）という言葉があり、その対語として「異質な」という意味の heterozygous（ヘテロジーニアス）という言葉があります。

　半導体の歴史を見ても、純度の高いシリコン単体で p 型、n 型半導体を作って接合した構造をホモ接合（Homo Junction）といい、別々の素材を接合させて半導体を構成したものをヘテロ接合（Hetero Junction）と呼んでいました。半導体レーザでは、そのヘテロ構造を二組接合した構造のものが使われているのです。これは、非常に高度な技術で、この構造のおかげで半導体レーザが発振しているといっても過言ではありません。

　この構造は、1963 年、アメリカのカルフォルニア大学サンタバーバラ校ハーバート・クレーマー（Herbert Kroemer：1928 年ドイツ生まれ、1963 年当時カルフォルニア Palo Alto の Varian 社の研究員だった）が提唱し、これを、1970 年にロシア・サンクトペテルブルクのヨッフェ物理学技術研究所のアルフェロフ（Zhores Alferov：1930 〜）と、ベル電話機研究所の林巌雄博士（1922 〜 2005）が開発しました。クレーマーとアルフェロフは、この功績で 2000 年のノーベル物理学賞を受賞しています。

　この構造の半導体レーザが開発される前までは、旧来タイプの構造であったために、レーザの発振がうまくいかず、ノイズ光を除去するために半導体素子（ヒ化ガリウムのホモ接合素子）を −200℃（77K）に冷却する必要が

ありました。また、連続発振ではなくパルス発振でやっと実現できる程度の代物でした。それが、ダブルヘテロ（DH）構造とすることにより、中央部の活性層部で光を効率よく閉じこめることができるようになり、その上活性層を挟んで、pクラッド層とnクラッド層を十分な距離に置くことができるようになったため、nクラッド層に集まった電子がpクラッド層に逃げ出すことを防止し、レーザ発振に必要な反転分布を作ることができるようになりました。このように、DH構造は、

（1）光の封じ込め
（2）キャリアの封じ込め

の2つの役割を担うことができる、半導体レーザにとっては重要な構造でした。

図 4-3-1　ダブルヘテロ構造

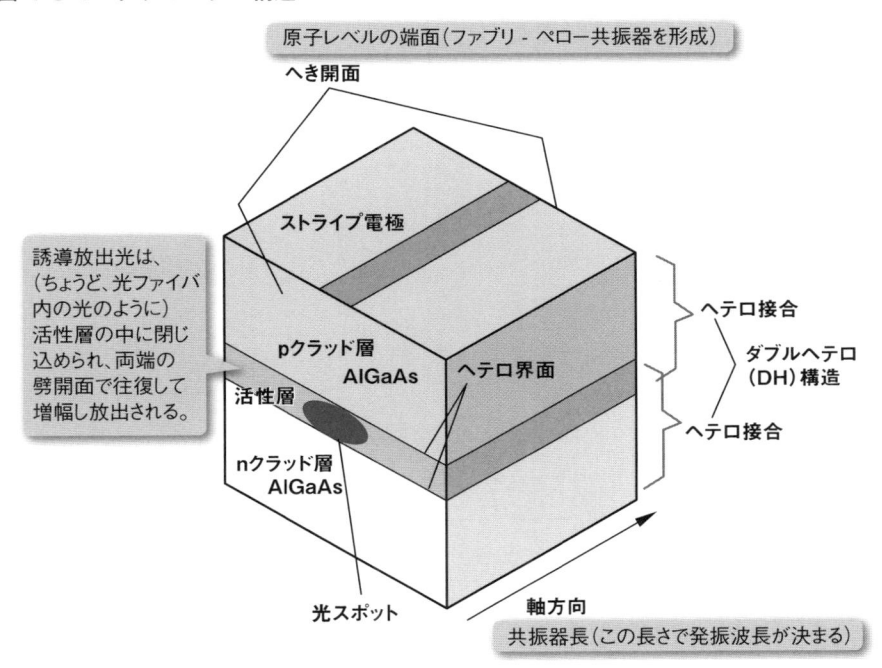

4-4 半導体レーザの構造 ④
量子井戸と光導波

●量子井戸構造

　半導体レーザの効率のよい発振は、先に述べたダブルヘテロ構造とこれから述べる量子井戸構造（Quantum Well）の成果といわれています。ダブルヘテロ構造がなければ半導体レーザの開発もなかったろうと思います。ダブルヘテロ構造で一定の成果を見た半導体レーザが量子井戸構造を採用することによりさらに効率のよい発光が可能となり、大出力レーザが開発されていきました。

　量子井戸構造というのは半導体結晶で作る素子をナノメートルレベルで作り上げる技術で、半導体内に流れる電子を非常に狭い領域に閉じこめて流す（そのように半導体素子を作り上げる）と、電子が粒子ではなく波の性質を持つようになって効率のよい発光を促します。レーザ発振波長の幅が狭められてピーク波長が強く現れるようになります。

　量子井戸効果は、1970年江崎玲於奈氏によって提案されたものです。

図 4-4-1　量子井戸構造

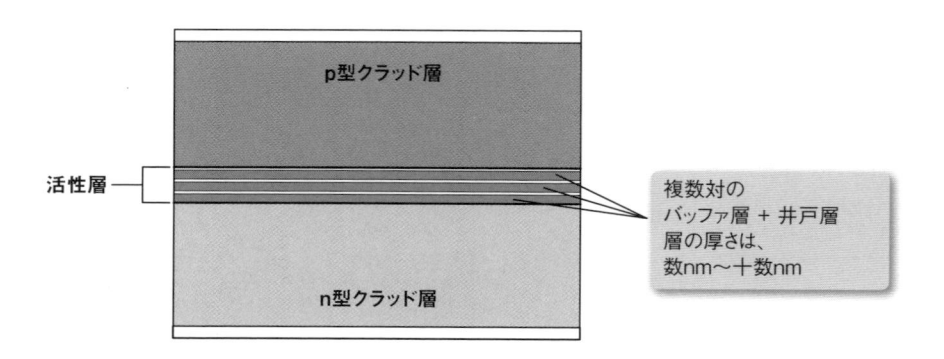

●活性層と光導波

　半導体の中を、どのようにして光が進むのでしょう？　95ページの図4-2-2を見ると、電子の流れは下から上に流れ、その流れに応じて直角方向にレーザ光が誘導されるのがわかります。誘導放出された光は、半導体素子の中の活性層に閉じこめられて、その両側のｐクラッド層とｎクラッド層で全反射して光が充満し、両端のへき開面でキャビティを作ってレーザ発振が行われます。この構造は、光ファイバの光導波と極めて似ていて、活性層とクラッド層の屈折率の違いによって光の全反射条件を作っています。それにしても、偶然とはいえ、屈折率が全反射になるようなクラッド層と活性層の半導体がよく見つかったものだと感心します。

図4-4-2　半導体レーザの光導波構造

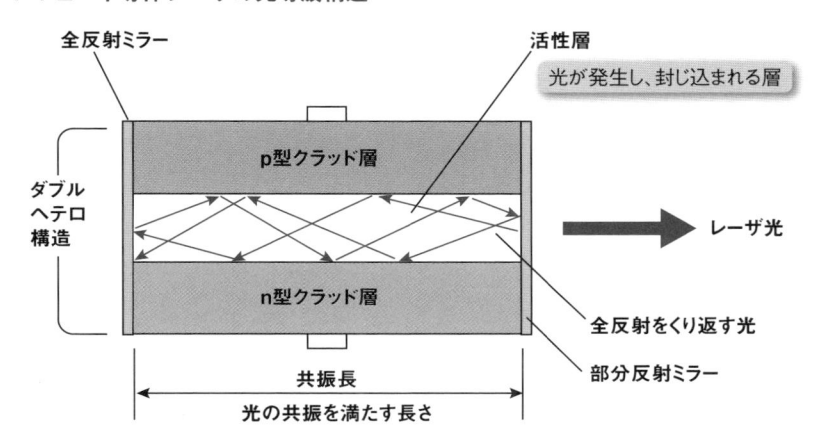

　この光導波の構造は、半導体レーザの発光効率に大きな貢献をしました。半導体レーザができた当時はこの構造はまだ開発されておらず、pn接合面のみでの発光でした。光導波がなかったので光の通り道がなく、共振空間（キャビティ）も狭かったので十分な発振ができませんでした。ダブルヘテロ構造によって、活性層＝光導波ができあがったといえます。

4-5 半導体レーザの構造 ⑤
へき開／高周波発振

●へき開分子レベルの反射鏡

へき開とは、「劈開」と書きます。難しい言葉です。英語では cleavage といいます。結晶構造では、原子間の結合力の弱いところから割れる性質があり、その特定方向に沿った割れをへき開と呼んでいます。半導体レーザでは、レーザ発振を行うために端面を鏡面仕上げにする必要があり、その際に原子レベルで切断できたほうが都合がよいのです。そこで、結晶の特定の割れ（へき開）を利用して媒質の両端を鏡面とするのです。

ちょうどガラス屋さんがガラスを切るとき、ガラス面にダイヤモンドカッターでケガキを入れ、パリンと割るような感じで（実際はもっと精度のよい結晶材質で精度のよいダイヤモンドカッターを使い）、綺麗な破断面（へき開面）を作るのです。半導体レーザの材料は、非常に精度のよい結晶の揃った材質ですから、結晶方向を慎重に割り出してダイヤモンドカッターでケガキを入れて割れば原子レベルの面が現れるはずです。これがへき開鏡面になります。へき開する両端の長さを正確に割り出せば、それがファブリ・ペローの共振器になるわけです。

図 4-5-1　へき開面のモデル

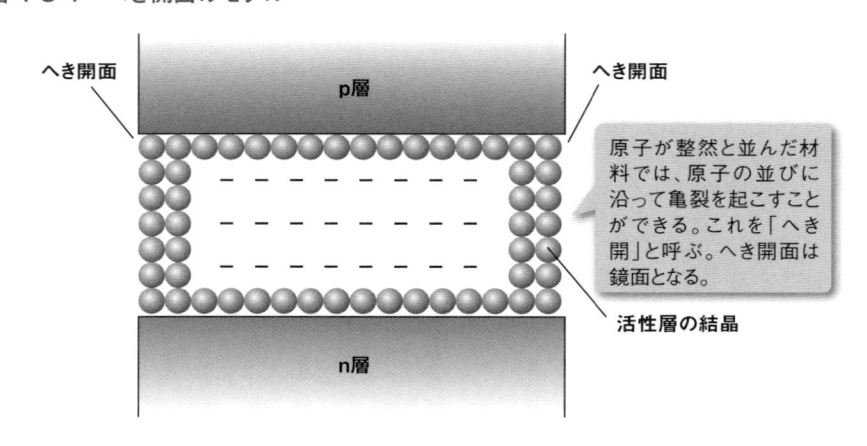

●高周波発振

半導体レーザでは、電流の制御だけで高周波のパルス光を作ることができます。ガスレーザや固体レーザなどでは、高周波のQスイッチ構造で高周波パルス発光を作り出すことができますが、その周波数は50KHz程度です。銅蒸気レーザなどの金属レーザでは、電力スイッチング素子にサイラトロンを用いて、50KHz程度までのパルス発光を可能にしています。半導体レーザでは、低電圧での発振が可能であり、素子に流す電流も小電流でよいため、一般のレーザよりは高周波発光が可能となっています。

面白いことに、同じ仲間の発光ダイオードより、半導体レーザのほうが変調応答スピードが高く、発光ダイオードは500MHzが最高であるのに対し、半導体レーザでは50GHzまで可能です。どこにその違いがあるのでしょうか。その理由は、発光ダイオードが自然放出光であるのに対し、半導体レーザでは誘導放出光であるため光の出方のレスポンスがよいためで、100倍ほど速い周波数の応答が可能となります。

●緩和振動周波数

一般に、半導体レーザは5V程度の駆動電圧で発振し、そのときに流れる電流は50mA程度です。半導体は電流駆動が基本であるので、回路に流す電流制御で半導体レーザの発光の制御を行うことができます。半導体レーザのカタログを見てみると、20mA程度まではレーザの発光がなく、30mAから発光する特性になっています。光が出てくるまでの電流は、半導体レーザ内のロス分で、このロスにうち勝って発振光が出てくる値を、閾（しきい）値電流といいます。高周波発振を行う時は、閾値の手前で待機し、発振をさせたいときに急峻な駆動パルス電流を加えるようにします。急峻なパルス電流を加えると発光は電流の過度応答にしたがって、反応の遅れ時間の後に緩和振動を伴った発光となります。半導体レーザの変調帯域は、緩和振動周波数によって制限されるので、この周波数以上の変調は不可能となります。

4-6 半導体レーザの構造 ⑥
ビーム形状

●円錐状に拡がるビーム

半導体レーザのビームを見ていると、面白いことに気付きます。ヘリウムネオンレーザのように、φ1mm程度の光の直線がどこまでもまっすぐに伸びるという感じではなく、円錐状に拡がっているのです。このビーム形状は、半導体レーザがマッチ箱のような結晶形状になっていることからきています。理想的な半導体レーザの構造は、光ファイバのような丸形形状で、中心部に丸形のコア部（活性層）があり、その回りを丸形のクラッドで覆うというものです。このタイプは、効率のよいレーザ動作が可能で、レーザ光も真円となります。しかし、現実の半導体レーザは、半導体結晶成長（エピタキシャル成長）技術を採用しており、この技術で丸形の結晶構造を作ることは極めて困難なため、現在の半導体レーザはマッチ箱のような形状となっています。半導体製造では、縦方向は、原子レベルに近いnm（ナノメートル）の制御で構造を構築できるのに対し、横方向はμm（ミクロン）オーダーになるので、ビームの出口形状は横長の構造とならざるを得ません。

● NFPとFFP

半導体レーザのレーザビームを表す言葉に、NFP（Near Field Pattern）とFFP（Far Field Pattern）という単語があります。NFPとは、半導体レーザ出力端面近傍での光スポット形状を表したいい方です。これに対して、FFP（Far Field Pattern）は、レーザ出力部から数cm以上離れた位置で計測されるレーザ光の形状とその強度分布を示します。FFPを示す値としては、半導体レーザの層方向（横方向）に平行に拡がる角度$\theta_{//}$と、それに垂直な角度を示す$\theta\perp$があります。これらの角度の基準となるのが、光強度がピーク値の半分になる値で、これを「半値全幅（角）」と呼んでいます。これらの値は、通常の半導体レーザで、$\theta_{//} = 8°$、$\theta\perp = 30°$です。光ビームは、縦長の楕円状に拡がるのが普通です。

図4-6-1 ビーム形状 NFPとFFP

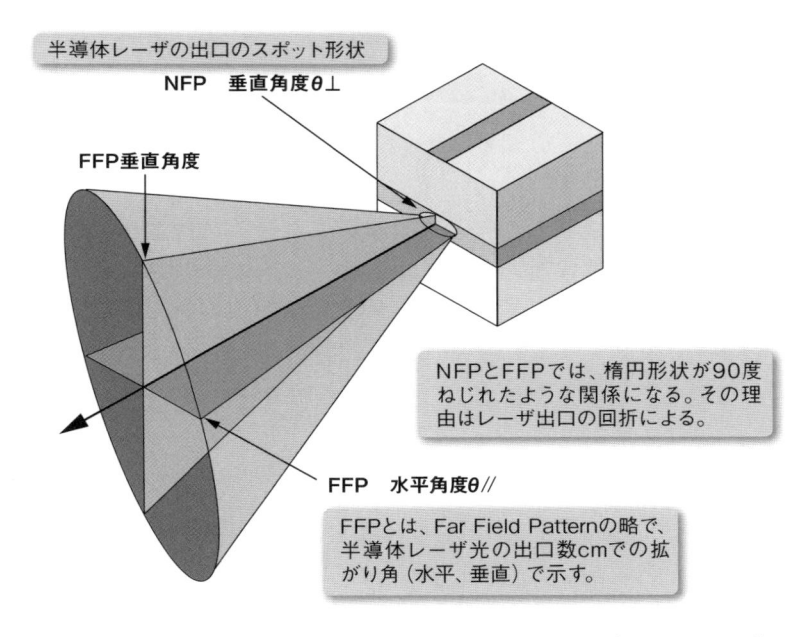

半導体レーザの出口のスポット形状
NFP　垂直角度 $\theta\perp$

FFP垂直角度

NFPとFFPでは、楕円形状が90度ねじれたような関係になる。その理由はレーザ出口の回折による。

FFP　水平角度 $\theta//$

FFPとは、Far Field Patternの略で、半導体レーザ光の出口数cmでの拡がり角（水平、垂直）で示す。

　NFPが横長の楕円であるのに、FFPで縦長になってしまうのは不思議な気がします。この理由は、光の回折効果によって説明されています。光が出てくる活性層が横長になっているため縦位置のスペースが狭く、そこから出た光は回折作用によって回り込むような形で拡がるので、出口が狭い縦方向の拡がりのほうが出口の広い横方向に比べて大きくなる、というものです。

　NFPは、横長の形状の度合いを表す以上にビームの質を表すのに使われます。半導体レーザのビームクォリティはよくありません。楕円形状もさることながら、電流を多く流していくと本来中央部が一番強い強度形状だったものが、中央部が窪んだようなゲインのディップ（穴：ホール）が生じます。この現象をホール・バーニング（Hole burning）と呼んでいます。ホール・バーニングは、pn接合によるキャリアが電流の増加と共に中央部が特に速く流れてなくなるために、周囲に比べてキャリアが不足してしまい光が出なくなるために生じます。

4-7 簡単な発振回路 ①
初歩的な回路

●半導体回路の実際

半導体レーザを実際に発振させてみましょう。図4-7-1に簡単な発振回路を示しました。乾電池でレーザは発振しますが、すべてのレーザが乾電池で発振できるわけではありません。赤外域の半導体レーザや赤色半導体レーザは乾電池の3Vで発振します。0.5Wを越えるようなパワーレーザでは乾電池の電流を流す能力を超えてしまうので無理です。

図 4-7-1　半導体レーザ駆動回路の例

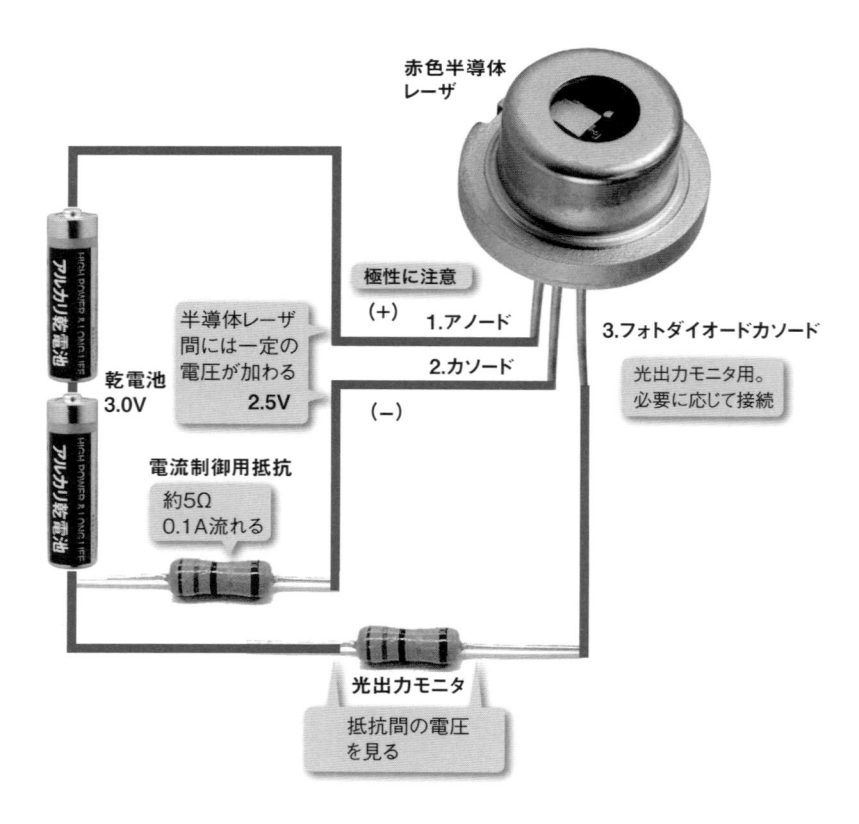

赤色半導体レーザ

極性に注意
（+）1.アノード
2.カソード
（−）

半導体レーザ間には一定の電圧が加わる　2.5V

乾電池 3.0V

3.フォトダイオードカソード
光出力モニタ用。必要に応じて接続

電流制御用抵抗
約5Ω
0.1A流れる

光出力モニタ
抵抗間の電圧を見る

半導体レーザでは、一般的に3本の足（電気結線用のリードピン）が出ています。このうち、発光にかかわる足が1番ピンと2番ピンです。ここに電池を極性を間違えないように接続し電気配線を行います。また乾電池を直接半導体レーザに接続すると電流が流れすぎて焼損してしまう恐れがあります。使用する半導体レーザの電気仕様を確認して電流制御用の抵抗を入れます。図の場合は、使用する半導体レーザを2.5Vの動作電圧で0.1A（100mA）と想定しますから、3Vの乾電池を使用する場合は、抵抗部分に0.5Vで0.1Aの電流が流れるようにします。この条件での抵抗値は、

$$0.5 〔V〕 / 0.1 〔A〕 = 5 〔Ω〕$$

となります。この回路は、最も初歩的なものです。実際には、乾電池はすぐに消耗して電圧が下がります。そうした問題を解決するためにはもう少し高度な回路設計をしなければなりませんが、半導体レーザが乾電池でも動くことを紹介するために簡単な回路としました。

●光出力モニタとフォトダイオード

　光出力モニタというのは、半導体レーザが正しく光を出しているかどうかをチェックできるものです。こうした半導体レーザでは素子内にフォトダイオードが組み込まれていて、半導体レーザの発振光を検知して電流を流す機能があります。フォトダイオードは、太陽電池のようなものです。したがってこれを利用し、抵抗を介して起電した電流から電圧を求めると、発光出力が電圧値としてモニタできることになります。精度のよい発光をしたい場合はこの機能を使います。

　レーザ光はアルミ缶中央部の窓の中心から放射状に楕円形状で放出されます。指向性が強く光密度が高い光ですので発光に際しては細心の注意を払う必要があります。すなわち、発光部を人の目に向けず、放射する方向には鏡面物体がないことを確認しておきます。

　回路には必要に応じてスイッチを設けておきます。

4-8 簡単な発振回路 ②
電流制御回路

●電流制御回路

　半導体レーザに限らず、半導体素子のほとんどは電流制御素子です。動作するための電圧を加えたら、あとは素子に流す電流の度合いを調節して性能を引き出していきます。半導体レーザも動作電圧と動作電流が規定されていて、半導体レーザにかかる電圧はほぼ一定値となります。前節に述べた発振回路は最も初歩的なもので、まがりなりにも光が出せる程度のものです。この回路を実際に使うと、電池の電圧で光が変動し、半導体レーザの温度で発光量がどんどん変化してきます。こうした不具合をなくしたのが、電流を調整する回路です。図 4-8-1 に基本的な電流制御回路を示します。

　この回路では、半導体レーザに内蔵されているフォトダイオードの光モ

図 4-8-1　電流制御回路

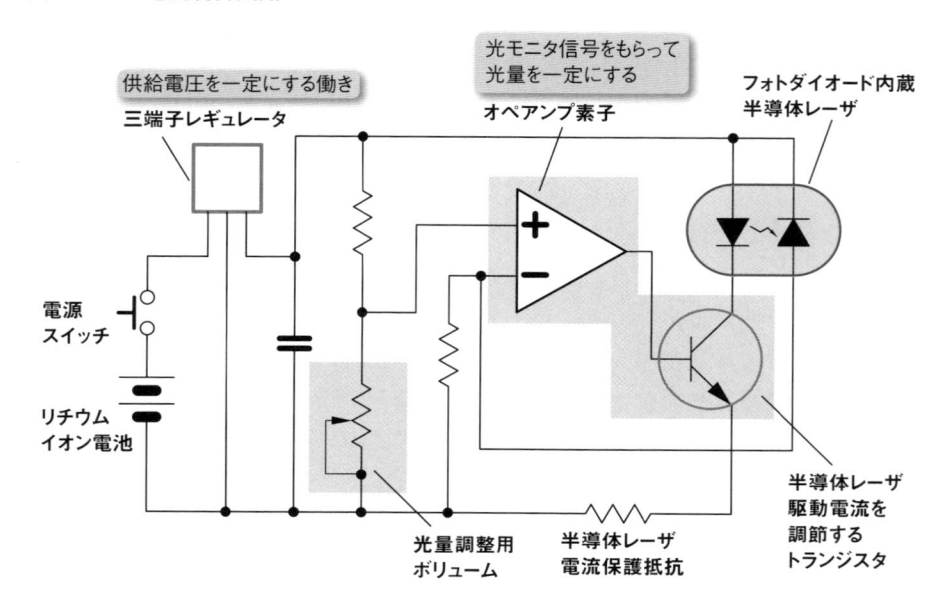

ニタ機能を使います。このモニタ電流をオペアンプと呼ばれる能動素子にフィードバックさせて、半導体レーザが絶えず一定の光量で発振できるようにしています。オペアンプで比較処理された信号は電流駆動用トランジスタに入って電流制御を行います。回路図には光量調節用の可変抵抗がついていて希望に応じた出力が出せるようになっています。電源は一定の電圧を供給できるように三端子レギュレータを使っています。

こうした発振回路は、ほかにもたくさん実用化されていて、ICチップにすべて組み込んだ専用のものが市販されています（図4-8-2参照）。こうしたICを使えば安定した高機能操作を簡単な回路で行うことができます。

図 4-8-2　ICチップを用いた半導体レーザ駆動

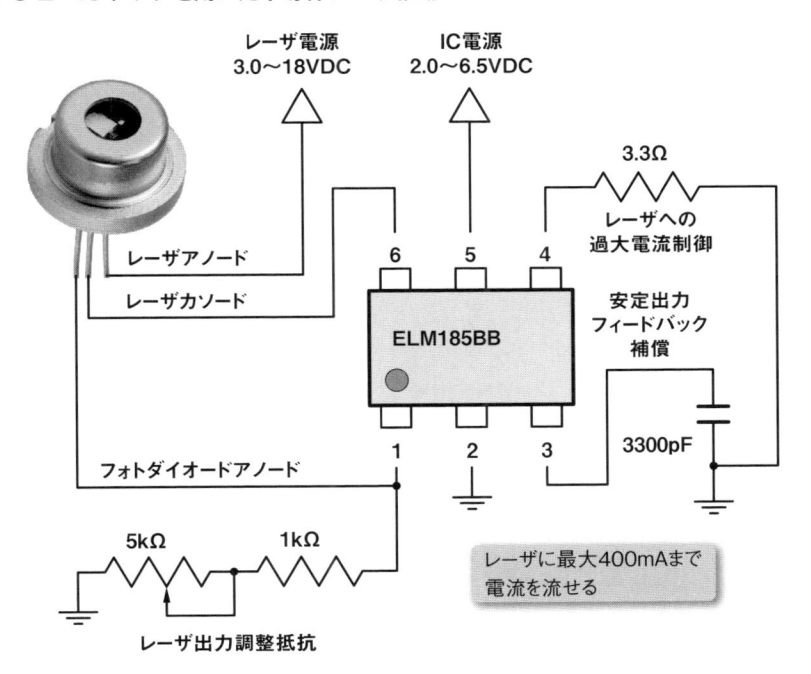

4-9 簡単な発振回路 ③ パルス回路

●パルス回路

　半導体レーザでは、高周波でのパルス発振が可能です。レーザの発振回路にパルス信号を与えて、その信号に追随できるパワートランジスタを利用すれば高周波発振を行うことができます。CD-RやDVD-R、それに光通信での半導体レーザの応用を考えれば、半導体レーザで高周波のパルス発光が得られるのがうなずけます。こうした応用ではギガヘルツ帯域の発振を行っています。

　半導体レーザでどうしてこのような高周波発光ができるかというと、その理由はレーザ発振のしくみにあります。半導体レーザに、常時少しの電流を流しておいて、素子内に発光ダイオードモードの発光状態を作っておきます。

図 4-9-1　パルス発振の原理

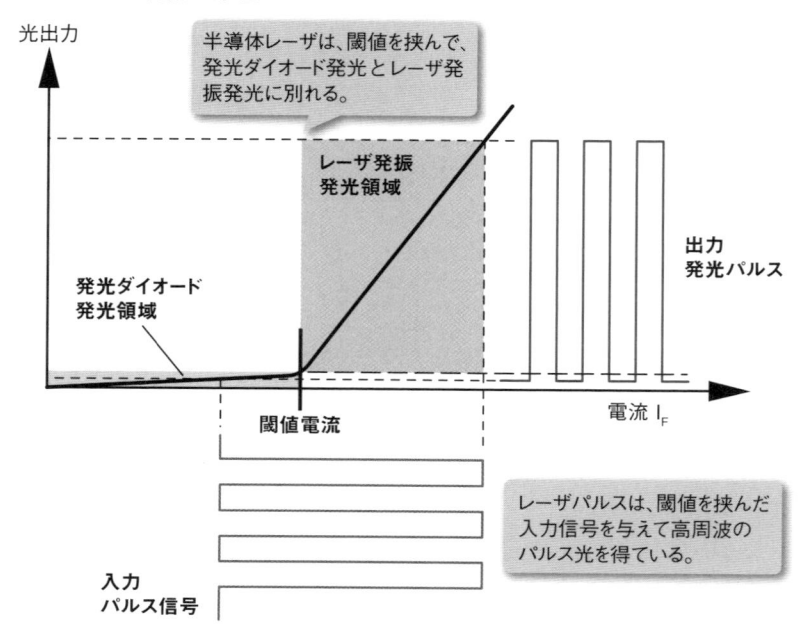

（縦軸：光出力、横軸：電流 I_F）

- 半導体レーザは、閾値を挟んで、発光ダイオード発光とレーザ発振発光に別れる。
- 発光ダイオード発光領域
- レーザ発振発光領域
- 閾値電流
- 出力発光パルス
- 入力パルス信号
- レーザパルスは、閾値を挟んだ入力信号を与えて高周波のパルス光を得ている。

このときレーザ発振は起きません。半導体レーザでは、ある条件を越えないと発振が起きないのです。レーザの発振が起きる最低電流値を、閾（しきい）値電流と呼びます。閾値電流を越えて電流を流すと、突然発振を始めます。したがって、高周波パルス光を作るときは、その特性を利用して閾値電流を境にして電流を増減させてやればよいことになります。

　図4-9-1に示したグラフは、横軸に半導体レーザに流す電流を示し、縦軸に半導体レーザの出力を表しています。ダイオード（半導体レーザ）に流れる電流を閾値電流を境に多く流したり少なく流したりすることでパルス発光ができることが理解できます。

　また、半導体レーザでは発光の制御に電圧ではなく電流での制御が必要であることがこのグラフから理解できます。したがってパルス発振を行わせる回路を作るには電流制御回路を作る必要があります。

●高周波パルス発振はどこまで可能か

　半導体レーザがギガヘルツ帯域まで発振できることは、光通信分野で使われている半導体レーザの実績から理解できます。こうした高周波帯域の発振回路を作るのは、実はあまり簡単ではありません。かなり高度な技術が要求されます。周波数が高いと回路にノイズが混入したり信号が鈍ってしまい、希望する周波数が得られないからです。

　市販の半導体レーザは、実際のところ電気信号に対してどの程度のレスポンスで発光をしているのでしょうか。こうしたデータは、一般の製品カタログにはなぜか載せられていません。東芝セミコンダクター社の「赤色半導体レーザプロダクトガイド」は大変しっかりした製品カタログで、製品の説明から各種試験方法、その結果が詳しく書かれています。その中に、半導体レーザ光の立ち上がり特性と立ち下がり特性データの記載があります。このデータは、半導体レーザ光の電気信号に対する発光のレスポンスを教えてくれる興味あるものです。

　同社の半導体レーザ製品、10mWクラスのDVDに使われる赤色半導体レーザ（TOLD9442M/MC、TOLD9443M/MC/MDなど）は、立ち上がり0.5ns、立ち下がり1.5nsの特性となっていました。レーザ発光は立ち上がりが速くて立ち下がりは3倍ほどかかっています。

4-10 発光ダイオードとの違い ①
LEDの基本構造

　光源のカテゴリーの中で、近年の発光ダイオード（LED：Light Emitting Diode）の活躍は目を見張るものがあります。光源とは灯りのことで、ロウソクの火や太陽光をはじめ白熱電球、蛍光灯、水銀灯、ナトリウムランプ、メタルハライドランプなどを指します。もちろんレーザもこのなかに入ります。こうした灯りのなかで、近年発光ダイオードの役割が急速に伸びてきています。

　発光ダイオードは半導体素子を使った発光素子であり、半導体レーザと同じ半導体材料を使っています。発光ダイオードのしくみを知ることは、半導体レーザを知る上で重要なことです。簡単にいってしまえば、

　　「半導体レーザは、レーザ発振の条件を満たした発光ダイオード」

ということができます。使用されている半導体そのものは発光ダイオードと変わっていません。以下、発光ダイオードについて触れることにします。

●発光ダイオードとは

　発光ダイオードは、光源としては全く新しいジャンルのもので、半導体技術の進展とともに着想されて開発されてきました。半導体素子を使った発光メカニズムは、従来の白熱電球に見られる熱を伴った光源や、蛍光灯に見られる電気放電を利用した光源とは異なった方式を取っています。したがって、発光ダイオードの特徴も、従来の光源とは大きく異なっています。素子に電圧を加えると（正確には電流を流すと）、たちどころに素子が明るく輝きます。それは、小さな石がまばゆい光を発しているような感じを与えます。そして発光する色は単色光です（白色光もありますが、それは青色発光ダイオードに蛍光体を加えたものです）。

　光る石といえば、蛍石などのような励起によって光るものもあります。ま

た、ラジウムのような放射性物質も自ら光を放出します。発光ダイオードは、発光原理に関してはそちらに近いものです。すなわち、半導体を構成する分子構造がエネルギー（電気エネルギー）をもらって特定の波長を放出するという、白熱電球のような熱成分を伴わない発光です。従来の光源が分子を振動させて（加熱させて）、その熱運動によって白色光を放出するのとは、だいぶ趣が異なります。

図 4-10-1　発光ダイオードの構造

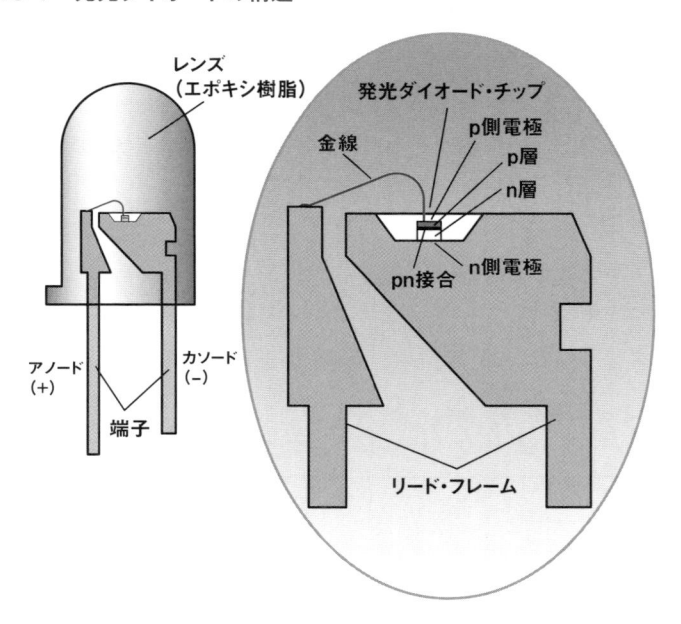

人類が勝ち取ってきた灯りの中で、レーザももちろんですが、半導体で光らせるという発見とその素子の開発は画期的なできごとでした。半導体による発光は、自然界によく見られる加熱発光や放電発光とは原理が異なるからです。量子力学が進歩して、「光が出るはずだ」とする理論的裏付けをもとに、それを実際に作り上げる技術の蓄積があって実用化の道が開けたのです。

4-11 発光ダイオードとの違い ②
LEDの発光原理

●発光ダイオードの pn 構造

図 4-11-1 にも示したように、発光ダイオードは pn 構造をした半導体素子（ダイオード）です。半導体の pn 構造というのは半導体素子構造の代表的なもので、電流を一方向に流す（p 型半導体から n 型半導体）性質を持ったものです。すべての半導体素子は、素材のいかんにかかわらず p 型と n 型の属性を持っています。この p 型と n 型の組み合わせで電流の流す方向を決めたり、トランジスタのように電流の増幅機能やスイッチング機能を持たせています。

発光ダイオードは pn 構造を持たせた半導体素子で、pn の接合面で特定の光が放出します。しかし、pn 接合をした半導体ならどれでも発光が起こるのかというとそうではありません。可視光を出す能力を持つ半導体素材を

表 4-11-1　発光ダイオードの発光材料と発光色

チップ材料		発光色	ピーク発光波長 (nm)	外部発光効率 [%]	光度 [mcd]	駆動電流 [mA]	駆動電圧 [V]
発光層	基板						
GaP (Zn, O)	GaP	赤	700	～4	40	5	2
$Ga_{0.65}Al_{0.35}As$ (DDH)	GaAlAs	赤	660	～15	5,000	20	1.9
$Ga_{0.65}Al_{0.35}As$ (DH)	GaAs	赤	660	～7	2,500	20	1.9
$Ga_{0.65}Al_{0.35}As$ (SH)	GaAs	赤	660	～3	1,200	20	1.8
$GaAs_{0.35}P_{0.65}$	GaP	赤	635	0.6	600	20	2
$GaAs_{0.15}P_{0.85}$	GaP	黄	585	0.2	600	20	2
$(Al_{0.05}Ga_{0.95})_{0.5}In_{0.5}P$	GaAs	赤	647	～3	6,000	20	2.1
$(Al_{0.20}Ga_{0.80})_{0.5}In_{0.5}P$	GaAs	オレンジ	609	～2.5	10,000	20	2.1
$(Al_{0.30}Ga_{0.70})_{0.5}In_{0.5}P$	GaAs	黄	591	～2	8,000	20	2.1
$(Al_{0.45}Ga_{0.55})_{0.5}In_{0.5}P$	GaAs	緑	560	～0.2	1,000	20	2.1
GaP (N)	GaP	緑	565	0.2	1,000	20	2
$In_{0.45}Ga_{0.55}N$	サファイア	緑	520	～3	10,000	20	3.5
$In_{0.2}Ga_{0.8}N$	サファイア	青	465	～4	3,000	20	3.6
GaN	サファイア	紫外	363	—	—	100	3.6

使うことが必要です。その半導体素材の発見と製造手法の進歩がまさに発光ダイオードの歴史でした。

1961年にアメリカのテキサスインスツルメンツ社のチームが開発した発光ダイオードは850nmの赤外発光によるものでした。それでも、この発光ダイオードの開発にはシリコンやゲルマニウムといった半導体で有名な素材は使えず、ヒ化ガリウム（GaAS）の結晶を作って赤外発光を成功させたのです。翌1962年にはアメリカGE社のホロニアック（Holonyak、後年イリノイ大学）がGaP（リン化ガリウム）を使って650nmの赤色発光ダイオードを開発しました。発光ダイオードの歴史は、赤外から青色（紫外）発光へと続く半導体素材の開発の歴史でした。表4-11-1に発光ダイオードの半導体素材と発光色、駆動電圧を示します。

図 4-11-1　発光ダイオードの pn 構造

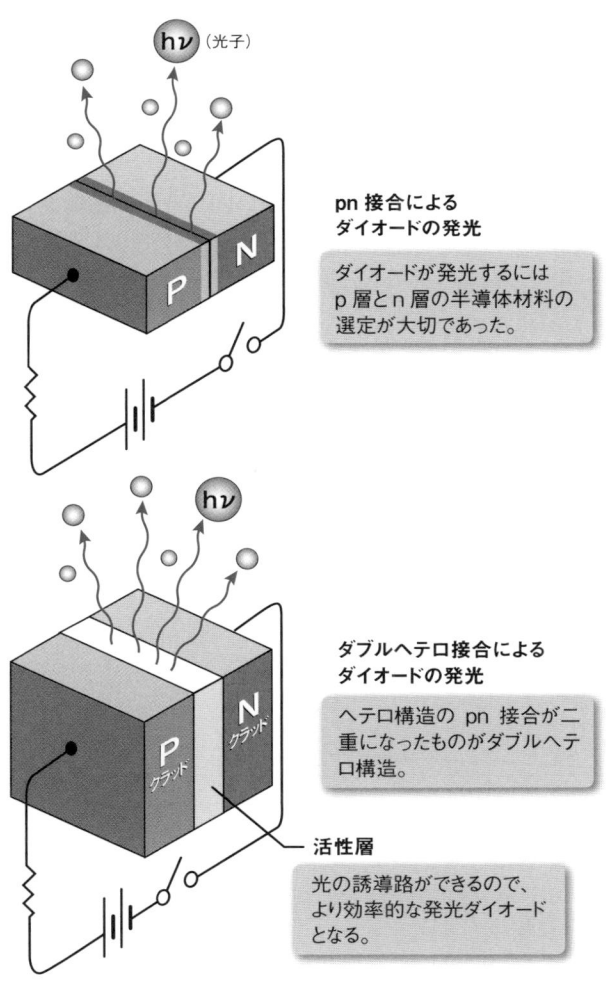

**pn 接合による
ダイオードの発光**

ダイオードが発光するには
p層とn層の半導体材料の
選定が大切であった。

**ダブルヘテロ接合による
ダイオードの発光**

ヘテロ構造の pn 接合が二重になったものがダブルヘテロ構造。

活性層

光の誘導路ができるので、より効率的な発光ダイオードとなる。

4・半導体レーザのしくみ

4-12 発光ダイオードとの違い ③
光の性質

　半導体レーザは、発光ダイオードを母体としてレーザ発振の条件を整えた発光素子といえます。したがって、発光ダイオードと半導体レーザは極めて近い関係にあります。両者の一番の共通点は半導体素材が同じであることです。したがって使用する電源も発光のための回路も発光ダイオードと極めて似ています。以下、半導体レーザとの違いを列挙します。

● 光の質が違う

　発光ダイオードが通常の散乱光であるのに対し、半導体レーザの光はレーザ光であるので、コヒーレントな（光の波長位相が揃った）光であり直進性も強い性質を持っています。

図 4-12-1　発光ダイオードと半導体レーザの光の質

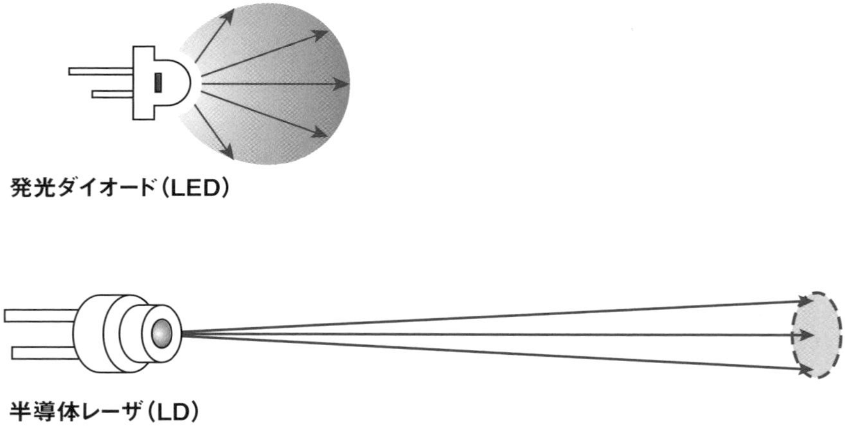

発光ダイオード（LED）

半導体レーザ（LD）

●半導体の構造が違う

　半導体レーザはレーザ発振による発光なので、半導体素子の構造がレーザ発振に適した構造となっています。すなわち、半導体レーザはレーザの発振に必要な光の共振構造を持っています。発光ダイオードではそうした構造を作らなくても発光が行われますが、半導体レーザでは光の共振と増幅を行ってレーザ発振をする必要があります。そのため半導体レーザは、光のポンピングを行うためのキャビティ構造（活性層構造とへき開処理）を設けています。活性層構造とは、光を封じ込めて共振を行わせる導光路であり、へき開は共振を行わせる出力面を鏡面処理するものです。

図 4-12-2　半導体素子の構造の違い

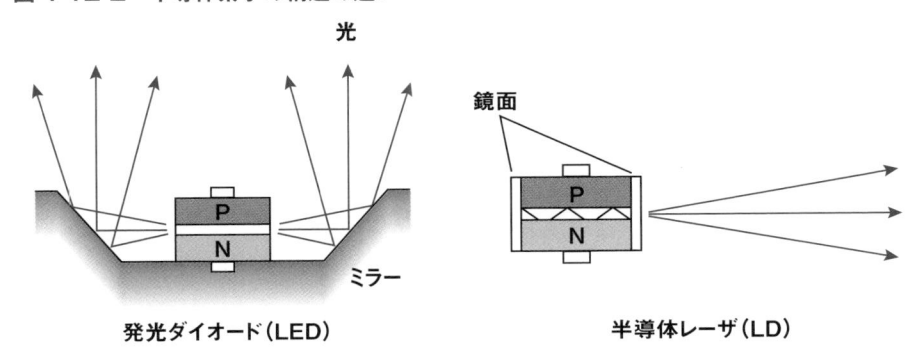

●発光波長の違い

　これもレーザ発振の特徴で、波長幅の極めて狭い発光となります。発光ダイオードは単一波長の発光には違いありませんが、半導体レーザのほうがより発光波長域の狭い発振をします。これはレーザが光の共振原理を利用して外部に出てくるため、そうした光学的構造を持たない発光ダイオードのほうが広い波長域の光が出てくるのです。その波長幅はどのくらいかというと、赤色発光ダイオードの場合は中心発光波長から振り分けて±20nmほどの幅を持っているのに対し、半導体レーザでは同じ赤色発振で±1nmと非常に狭い発振波長域となっています。

図 4-12-3 発振波長幅の違い

光強度

半導体レーザ（LD）

発光ダイオード（LED）

±1nm
±20nm

λ 波長

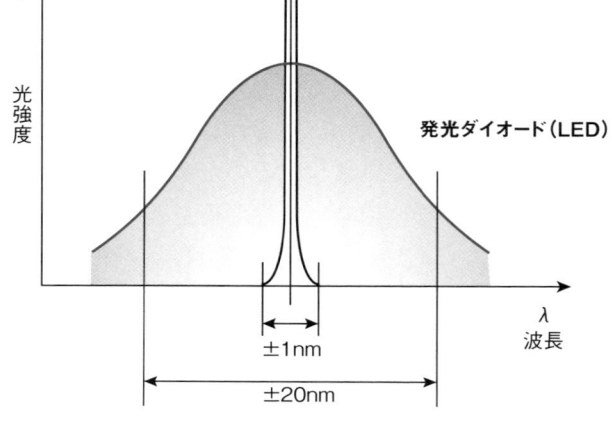

●偏光

　偏光はレーザ光に特有に現れる性質です。発光ダイオードをはじめ、一般の電球や蛍光灯は偏光の特性を持たない散乱光となりますが、半導体レーザ光は発振原理上偏光を持った光となります。この特性が生かされてCDやDVDのピックアップ光源として使われています。

　偏光は液晶画面でも見られる光の性質で、通常の散乱光では偏光板を使って偏光を作ります。ガラスなどの表面で反射される光は偏光を持った反射光となります。レーザでは、発振して出てきた光そのものが偏光の性質を持っ

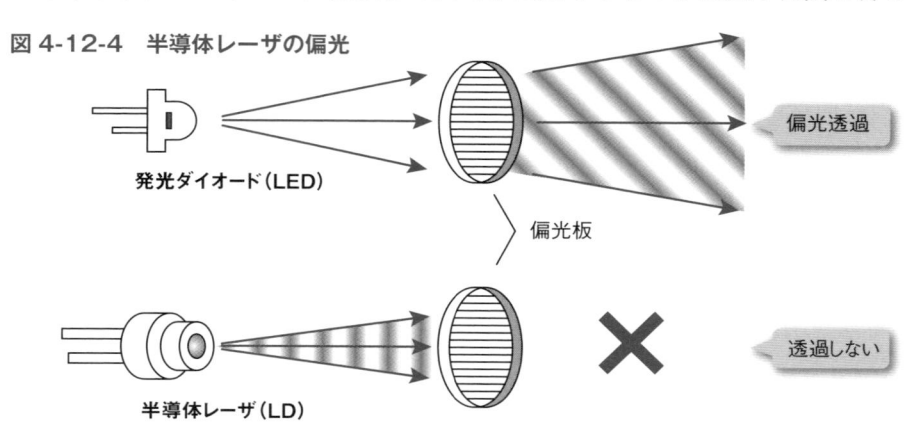

図 4-12-4 半導体レーザの偏光

発光ダイオード（LED）　　偏光板　　偏光透過

半導体レーザ（LD）　　　　　　　　　透過しない

ています。これはレーザの大きな特徴です。発光ダイオードそのものにはこの特性はありません。

●発振構造の違い

　半導体レーザは、レーザの発振条件を満たした構造となっています。発光ダイオードはそうした発振条件の構造を持たない半導体発光素子といえます。レーザの発振条件とは、光の共振が行える鏡構造と誘導放出光が出る構造です。半導体レーザはこうした条件を半導体素子で満足させています。（図4-12-2 参照）

●出力形状の違い（ビーム出力）

　半導体レーザは、レーザ発振によって出力されるものですから直進性の強いビームが得られます。発光ダイオードも指向性の強い発光素子ですが半導体レーザのそれには及びません。（図4-12-1 参照）

●光変調の違い

　半導体レーザは、発光ダイオードと比べ光の変調が行いやすくギガヘルツ領域の変調ができます。この特徴が生かされて光通信の送信素子として大きな活躍の場を与えられています。半導体レーザがなぜ高い周波数の光変調ができるかというと、閾値電流特性があるからです。閾値電流とは「この電流値を越えて半導体レーザに電気を流すとレーザが発振しそれ以下の場合はレーザが発振しない」というもので、この閾値の近傍で電流制御を行うと非常に高い周波数の光のオン／オフができるものです。発光ダイオードは、電流に応じて発光が始まり、極めて低い電流でも微弱な発光を行います。半導体レーザではこれがないため発光ダイオードより数桁も優れた変調ができるのです。

4-13 半導体レーザ製品の分類

●波長による分類

　半導体レーザが最もよく使われているのは、CDやDVDなどの光ピックアップ光源の分野です。それに次ぐのは光通信分野で、このほかにレーザポインタや熱源、計測装置などの分野にも使われています。通常の光源では、白色光源が重宝されますが、半導体レーザでは単色光の特徴が大いに活用されています。純度の高い波長光はそれなりに応用範囲があるということです。

　図4-13-1に波長別半導体レーザの開発系譜を示します。半導体素子は赤外発振から青色領域に発展してきました。この流れは発光ダイオードと同じです。半導体レーザの場合、発光ダイオードのように青色領域に一直線に開発

図4-13-1　波長別半導体レーザの開発系譜

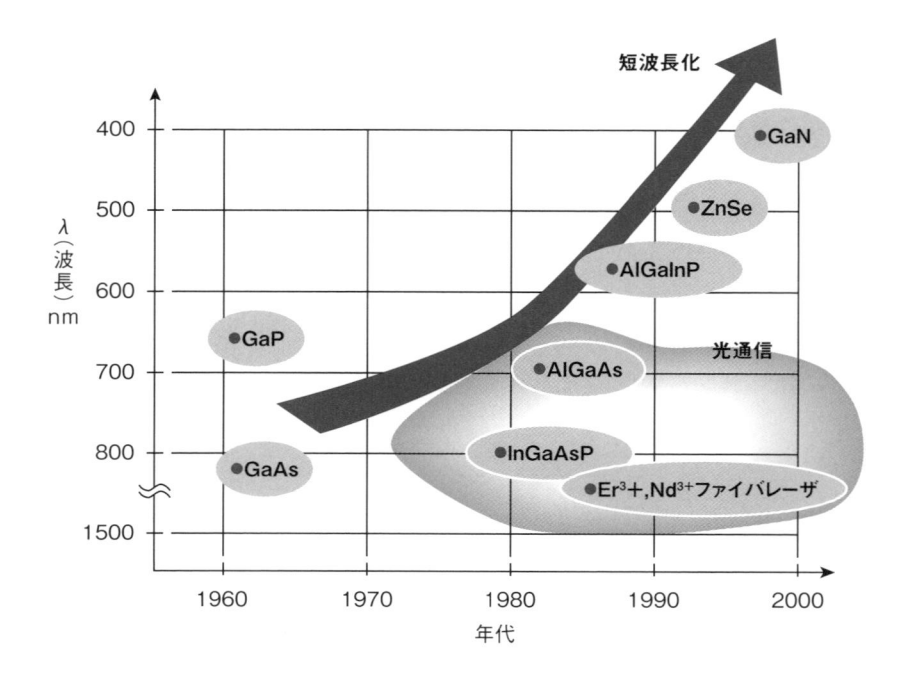

が進んだわけではなく、1980年代より1,500nm帯域の赤外線半導体レーザの開発がさかんに行われています。これは、この波長帯域が光ファイバ通信に最も効率がよい（光ファイバとの相性がよい）という理由から注目されたからです。

また、出力の大きな熱源として800〜900nmの半導体レーザが注目され、赤外パワー半導体レーザが持続的に開発されてきました。青色発光ダイオードは高密度記録ができる高密度DVD（ブルーレイディスク）に光明を与えました。半導体レーザではさらに紫外領域を出す素子が開発されてきています。

● **出力による分類**

出力別に半導体レーザ製品を見てみますと、出力の大きいパワー半導体レーザは赤外に集中していて、可視光のもので出力の高いものはありません。可視光領域になぜ出力の高い半導体レーザができないのかというと、主な理由として高出力に耐える半導体材料選びと構造の作り方が難しいからです。したがって出力の高い可視光領域のレーザ光が要求される分野では、ガスレーザや固体レーザが現在も主力として使われています。赤外領域の半導体レーザは、出力の高いものが数多く開発されていて、熱源用としての用途

図4-13-2　半導体レーザのレーザ出力と発振波長

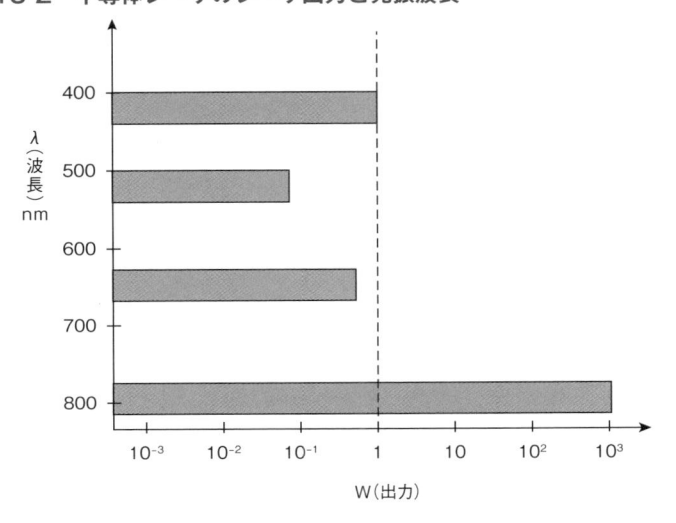

や、固体レーザを励起するポンプソースとして使われています。

● **形状による分類**

　半導体レーザの形状は、ほとんどがメタル缶タイプの形状をしており、このメタル缶の中央部からレーザが発振しています。半導体レーザにメタル缶タイプが使われるのは、半導体素子を発熱から守るためで、素子自体から発熱した熱を熱伝達のよいメタルで逃がしています。半導体レーザは小出力といえどもエネルギー密度が高いので、発光ダイオードに見られるような樹脂を使うと熱によって樹脂が変形したり焼損する恐れがあります。

　大出力赤外半導体レーザでは、メタルブロック形状のものが多く見受けられます。パワーレーザでは、複数の素子を実装して、集光光学部品も内蔵するので、大きな素子と光学部品をパッケージにして放熱を考慮したメタル構造となっています。より高出力のものについては、ペルチェ素子が内蔵されていたり、水冷用の水路がつけられています。

　図4-13-3に代表的な半導体レーザのパッケージを示します。

図4-13-3　半導体レーザの形状

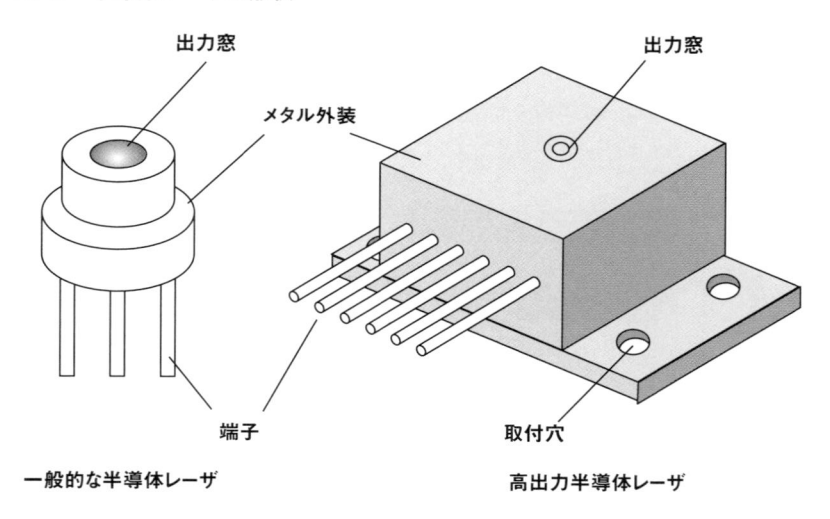

（図：左側「一般的な半導体レーザ」— 出力窓、メタル外装、端子。右側「高出力半導体レーザ」— 出力窓、取付穴）

4-14 青色半導体レーザ

　半導体発光素子が開発されるなかで、多様な可視光領域のものが作られ、そのほとんどが日本の研究機関で開発されたことはとても興味深いことです。多様な発光波長を持つ半導体レーザが使用できることは、それらのレーザを使った応用分野が拡がることを意味しています。特に、青色半導体レーザは製造がとても難しく、20世紀中には無理ともいわれていました。

●青色半導体レーザの需要

　青色半導体レーザがなぜ有望視されていたのかというと、光ビームは短波長であるほどビーム径を絞ることができるためです。例えば、青色半導体レーザをDVDの書き込み、読み出しに使えば、同じ大きさのディスクを使ってより細かなピットを穿つことができるようになり、その結果、高密度の記録・再生が可能になるためです。2003年には、青色半導体レーザ（赤外半導体レーザにSHG素子を付けて半分の波長にしたものもある）を用いたDVD（青色レーザを使っているので、ブルーレイディスク：Blu-ray Discと名付けられた）が発売されました。この装置は、デジタルハイビジョン放送を2時間に渡って録画できる容量、すなわち、21.6GBを持っています。通常のDVDが5GB程度の容量ですから4倍の高密度になっています。半導体レーザの色を780nmの赤外から405nmの青色に変えるだけで、4倍の記録密度の向上が達成できたわけです。

　この青色半導体レーザには、材料に窒化ガリウム（GaN）が使われています。半導体で青色を出すには、エネルギーギャップ（Eg）といって、エネルギー準位の高い（バンドギャップの大きい）半導体材料を使わなくてはなりません。400〜480nmの発光を促すには、Egが3.1〜2.6eVを持つ半導体が必要なのです。これに適した材料がGaNであったのですが、その製造は極めて困難だといわれていました。この製造に世界で初めて成功したのが、徳島県にある日亜化学工業で、1995年に当時研究員であった中村修二氏の手に

よって MOCVD 結晶成長技術を進化させた手法が確立し、青色半導体レーザが市販化されました。

●窒化ガリウム材料による青色発振

　GaN（窒化ガリウム）材料は、図 1-7-2（26 ページ）にも示しているように、量子力学の机上の理論としては、青色の発光を促すものとして知られていました。この理論にもとづいて実際に素子を作る試みが 1970 年、名古屋大学の赤碕勇先生（1992 年名古屋大学名誉教授、名城大学教授）によって着手されました。しかし、当時この研究は大きな注目を集めるには至りませんでした。赤碕先生の取り組みは、当時の技術常識では間尺に合わない夢のようなものだったのです。当時、窒化ガリウムは、これを結晶成長させて保持するためのよい基板がなく、実現性のほど遠い半導体材料でした。その上、p 型にするためのドーピング技術が困難で、pn 接合によって初めて発光が可能になる半導体発光素子にあっては、理論的には可能であるものの実現が絶望視されていた材料だったのです。

　窒化ガリウムを使った半導体素子は、まず青色発光ダイオードで完成を見ます。1985 年に、豊田中央研究所と赤碕勇先生が科学技術振興機構の援助のもとで青色発光ダイオードを開発し、1986 年、（株）豊田合成が青色発光ダイオードを実用化します。こうした経緯があって 2000 年以降、高輝度の青色発光ダイオード、白色ダイオードが市販化されるようになりました。青色レーザディスク（ブルーレイディスク）も GaN 素子の青色発振の恩恵を受けたものでした。

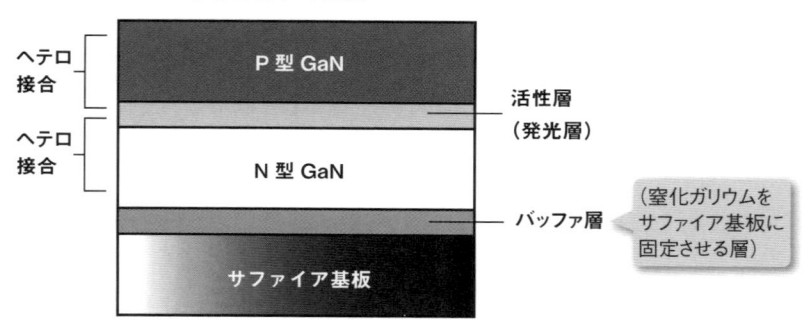

図 4-14-1　GaN の半導体素子の構造

第5章

身の回りの半導体レーザ

本章では、私たちの身の回りで使われている
半導体レーザを使った製品について、その特徴を述べたいと思います。

5-1 レーザポインタ／ドアセンサ

　私たちの身の回りで使われる半導体レーザ装置で最も身近なのは、会議などで使われるレーザポインタです。1mm 程度の赤色ビームで 2 〜 3m 先の対象物を指し示すのに使います。レーザポインタに使われる半導体レーザは、1mW クラスの赤色（波長：650nm）のもので、3m から 50m 程度までビーム光を投射することができます。これらの製品に使われるレーザの安全基準はクラス 2 程度のものであり（158 ページ参照）、人体に重大な障害を与えるものではありません。しかしむやみに目に向かって照射したり、レーザ光をのぞき込むことをしてはなりません。

　レーザポインタで使用する電源は、単四乾電池 2 本の 3V で使用することが多く、連続で 16 時間程度の使用ができます。

図 5-1-1　レーザポインタの原理

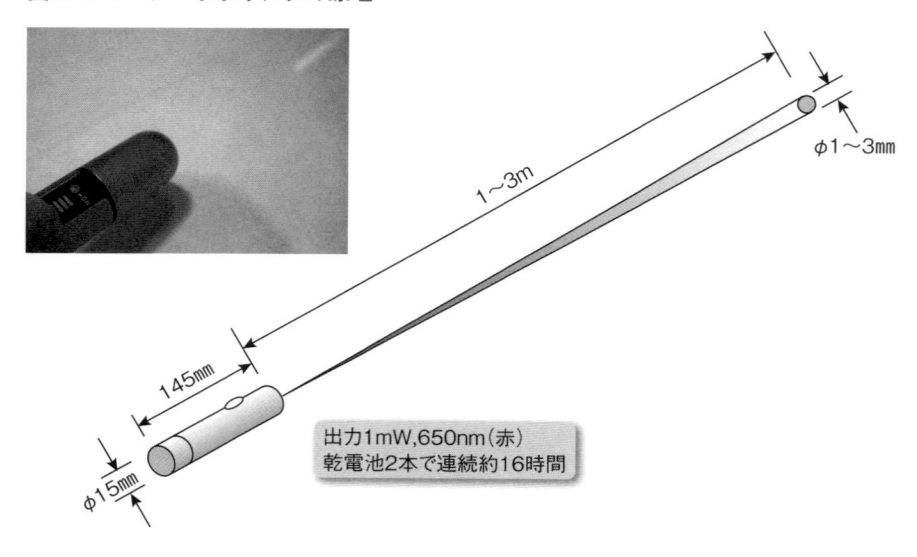

●ドアセンサ、位置センサ

　自動ドアの開閉には、光学センサによって物体を検知しドアを自動的に開けたり閉めたりするセンサとして半導体レーザがよく使われます。半導体レーザがドアセンサに使われる理由は、投射距離の長さと単一波長であるという点にあります。投射距離が長いとセンサの取り付けに余裕ができ、遠く離れた位置からでも精度のよい検出ができます。

　また単一波長のよさは、外光にまぎらわされることなく物体を検知できることです。受光部にレーザの発振波長だけ透過する光学フィルタを取り付ければ、その精度はさらに向上します。光学センサには、半導体レーザのほかに発光ダイオードや通常の白熱ランプなどが使われますが、投射距離や指向性、位置精度を求める応用には半導体レーザが最もよく使われます。

　ドアセンサの場合、多くは赤外線半導体レーザが使われます。これは、往来の激しい場所やセキュリティの関係上可視光ビームを出したくないようなときに便利だからです。また逆に、可視光ビームによってセンサがあることを知らせる目的には赤色半導体レーザが使われます。

図 5-1-2　ドアセンサの原理

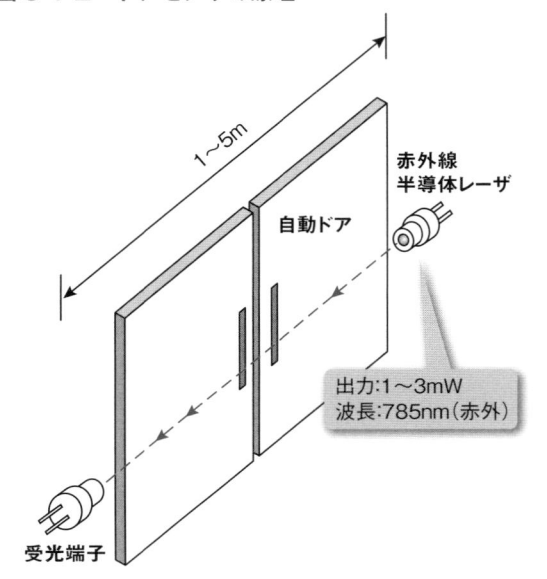

　この応用に使われる半導体レーザは、クラス2の出力1〜3mW程度のもので赤外785nmのものが使われます。投光器（半導体レーザ）と、その反対側に受光部（フォトダイオード）を設置して、物体がレーザ光を遮断したときに検出信号が取り出せるようになっています。

5-2 CDピックアップ

　CD（コンパクトディスク）の誕生は1982年です。CDの登場は、データメディアに一大革命をもたらしました。650MBの記憶容量を持つCDは、オーディオをデジタルにパッケージングするのに十分であり、パソコンのデータを保存するにも十分でした。

　CDの開発に当たって、半導体レーザの果たした役割は非常に大きく、半

図 5-2-1　CDのピックアップ機構

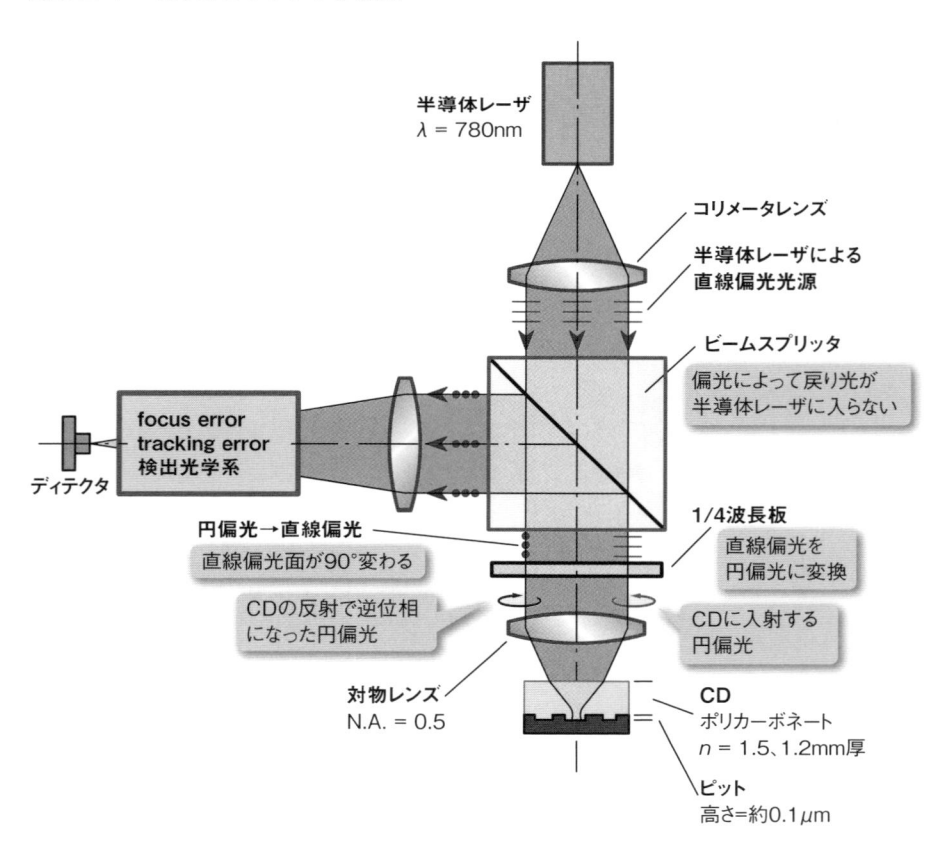

- 半導体レーザ　$\lambda = 780\text{nm}$
- コリメータレンズ
- 半導体レーザによる直線偏光光源
- ビームスプリッタ
- 偏光によって戻り光が半導体レーザに入らない
- focus error / tracking error 検出光学系
- ディテクタ
- 円偏光→直線偏光　直線偏光面が90°変わる
- CDの反射で逆位相になった円偏光
- 1/4波長板　直線偏光を円偏光に変換
- CDに入射する円偏光
- 対物レンズ　N.A. = 0.5
- CD　ポリカーボネート　$n = 1.5$、1.2mm厚
- ピット　高さ=約$0.1\mu m$

導体レーザの活躍がなければ CD の発展はなかったろうといわれています。それだけ半導体レーザの性能、つまり、小型でコンパクトで安価、それに加えて光の集光生、偏光特性が CD 開発になくてはならない存在だったのです。

● CD ピックアップの特性

　CD の光源部（ピックアップ）には 780nm の赤外半導体レーザが使われています。この半導体レーザをコリメータレンズを使って平行光にし、さらに偏光を調整してディスク面に集光させます。偏光を利用するのは CD ディスク面から反射してくるレーザ光の偏光特性が入射させる偏光特性と異なるために情報の特性（S/N 比：信号 / ノイズ比）が向上するからです。CD ディスク面から得られた情報は、ビースプリッタを介してディテクタ（検出器）に送られ信号が取り出されます（図 5-2-1）。

　光ディスクの読み取り光源として一般の白熱電球を使ったとしたらどうでしょうか。おそらく CD も DVD も BD も実用化できなかったことでしょう。

　レーザがなぜ、光メディアになくてはならないものであったかの理由を表 5-2-1 にまとめました。。

表 5-2-1　レーザが光メディアに適している理由

指向性、直進性がよいこと	集光レンズを組みやすい。 微小スポットが作りやすい。検出精度が上がる。
高密度であること	効率よい光学系を組み上げやすい。 余分な光が散らばらないので S/N 比がよくなる。
単一波長であること	色収差を考慮せずにすむ。 ビームスポットも理論に近い値にすることが可能。
波面が揃っていること	干渉を起こしやすいため、これを積極的に利用して波長レベルの調整、検出が可能。 ピットの高さを波長の 1/4 にして S/N 比を向上させている。
偏光を持っていること	偏光を巧みに利用して信号検出の精度を向上させている。

●ディスク面上のビーム

半導体レーザのビームは、CD にどのように照射されているのでしょうか。

図 5-2-2 に CD 上にフォーカスされた半導体レーザのビームスポットを示します。ビームスポットは 1.54 μm となります。このビームスポットを使って、CD のトラックに穿たれたピットを光の光量変化というかたちで読み取り、データを読み出していきます。レーザの出力は 10 mW 程度で、速度が速い再生や CD-R のような記録ではこれよりも出力の大きいものが使われています。

図 5-2-2　CD のビームスポット

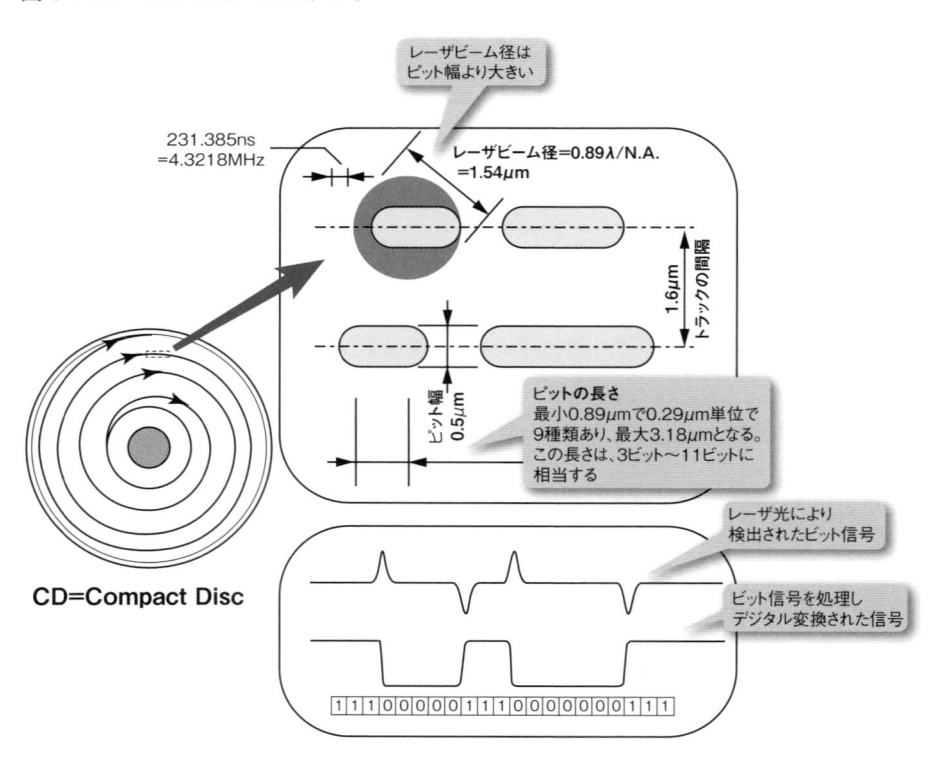

● CD の仕様

　半導体レーザによる代表的な製品の仕様を以下に示します。CD の成功以後、半導体レーザの短波長化により DVD、ブルーレイディスクなどの大容量ディスクが登場しました。

- ・直　径：12cm（または 8cm）
- ・厚　さ：1.2mm
- ・材　質：ポリカーボネート
- ・線速度：1.2m/s ～ 1.4m/s
- ・回転数：500rpm（中心部）～ 200rpm（外縁部）
- ・トラックピッチ：1.6 μm
- ・最小ピット長：0.87 μm
- ・読み取りレーザ：λ =780nm 赤色半導体レーザ
- ・対物レンズ開口数：N.A. = 0.45
- ・記憶容量：640MB、650MB、700MB
- ・読み込み速度：1.2M bps（1411.2k bps 等倍速、最大 72 倍速）

図 5-2-3　CD/DVD ディスクとオプティカルピックアップ

5-3 DVD ピックアップ

　DVD は、CD と同じ形状をしていながらより高密度化を図った光ディスクであり、1992 年に開発されました。CD の開発から 10 年後のことでした。DVD は、ハリウッドを中心とするアメリカの映画業界が「映画並の映像を家庭で手軽に楽しんでもらいたい」と、東芝を中心とする日本のメーカーに技術開発を持ちかけてきたのがきっかけでした。光ディスク装置の技術は日本のお家芸であったため、日本のメーカーに白羽の矢がたったようです。DVD の基本仕様である片面一層だけで 133 分間再生できる能力は、ハリウッドの注文でした。映画はほとんどが 100 分前後の長さであるため、片面一層に収めることが求められました。

● CD と DVD の違い

　DVD は、CD の技術を応用したより高密度で高いデータ容量のディスク装置です。CD とディスク寸法を全く同じにしながら、どのように高密度記録を達成できたかというと、最も大きな理由は、光源（レーザ）をより波長の短いものに変えたことにあります。

　CD が、780nm の赤外半導体レーザを使っていたのに対し、DVD では 650nm の赤色半導体レーザを使いました。また使用するレンズも N.A.0.45 から N.A.0.6 と大きくし、波長との兼ね合いでビームスポットを $1.5\mu m$ から $0.96\mu m$ と小さくすることに成功しました。ビームをより小さく絞り込むことができるようになったので、ディスク面に記録するピットも小さくすることができます。このためピットの最小長を $0.87\mu m$ から $0.4\mu m$ まで小さくすることができ、トラックピッチも $1.6\mu m$ から $0.74\mu m$ と半分以下に狭めることが可能となりました。こうすることによって同じ 12cm 径のディスクサイズで 4.7GB（CD の約 7 倍）ものデータ容量を確保することができるようになりました。

　DVD は、また、当初から記録面を 2 面持つ設計になっていますので、2

図 5-3-1　CD/DVD/ブルーレイディスクのオプティカルピックアップ

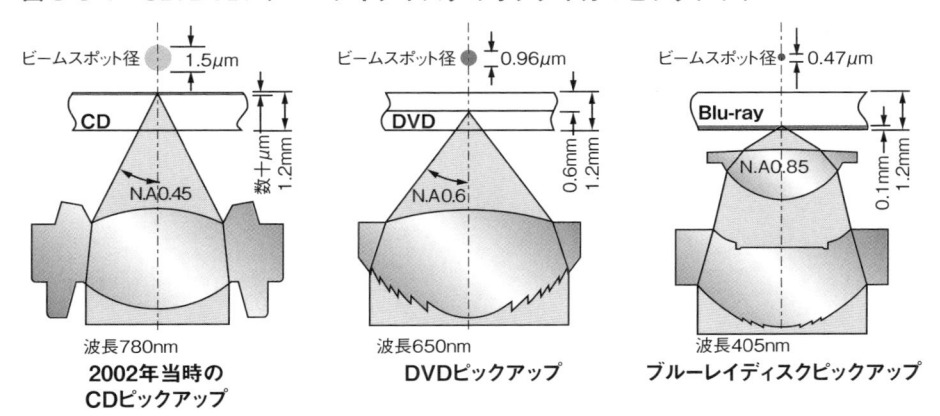

```
ビームスポット径 1.5μm          ビームスポット径 0.96μm         ビームスポット径 0.47μm
    CD                              DVD                             Blu-ray
    N.A.0.45                        N.A.0.6                         N.A.0.85
   波長780nm                        波長650nm                        波長405nm
  2002年当時の                     DVDピックアップ                  ブルーレイディスクピックアップ
   CDピックアップ
```

層記録では 8.54GB のデータ容量を持つことになります。

図 5-3-1 に CD/DVD/ ブルーレイディスクのピックアップの違いを示します。波長の違いによりビームスポット径が小さくなることがこの図より理解できます。

表 5-3-1．CD/DVD/ブルーレイディスクのまとめ

項目	CD	DVD	ブルーレイディスク
ディスクの大きさ	∅120(∅80mm)	∅120(∅80mm)	∅120(∅80mm)
厚さ	1.2mm厚 レーベル面側に記録面	1.2mm厚 0.6mm厚のディスク 2枚の張り合わせ	1.2mm厚 保護層0.1mmの後に 記録面が1層～2層
材質	ポリカーボネート	ポリカーボネート	ポリカーボネート
線速度	1.2m/s～1.4m/s	3.49m/s	4.917m/s
回転数	500rpm～200rpm	600～1,400rpm	800～2,000rpm
トラックピッチ	1.6μm	0.74μm	0.32μm
最小ビット長	0.87μm	0.4μm	0.15μm
光源(半導体レーザ)	λ=780nm	λ=650nm	λ=405nm
対物レンズ開口数	N.A.0.45	N.A.0.6	N.A.0.85
データ容量	音楽74～80分 640～700MB	映画133分 4.7GB(1層) 8.54GB(片面2層)	25GB(1層)、 50GB(2層) 試作で100GB(4層)

5-4 ブルーレイディスク・ピックアップ

　ブルーレイディスク（BD：Blu-ray Disc）は、DVDの5倍以上のデータ容量（1層25GB、2層50GB）を持つ直径12cmサイズのディスクです。高画質の動画（ハイビジョンテレビ、ゲーム）の保存・再生用として1999年7月にソニーとフィリップスで開発されました。2年半後の2002年2月に、松下電器産業（現パナソニック）、パイオニア、日立製作所、LG電子、サムスン、シャープ、トムソン（RCA）ら7社が加わり、BD規格ができあがりました。

　CD、DVDと同じサイズのディスクを使って、DVDの5倍以上の記憶容量を確保できた要因は、なんといっても波長の短い光ピックアップ（半導体レーザ）を採用したことでした。青色半導体レーザの開発なくしてブルーレイの開発はあり得ませんでした。短い波長がいかにたくさんの情報を伝達しうるかを如実に物語っている出来事といえます。

　ブルーレイディスクでは、地上デジタル放送（1,440 × 1,080i、16.8Mbps）で

図 5-4-1　ブルーレイディスクのピックアップ

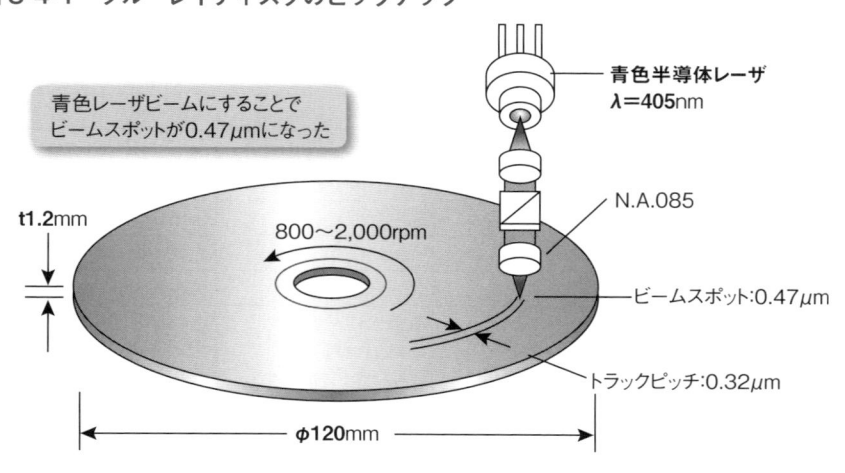

- 青色レーザビームにすることでビームスポットが0.47μmになった
- 青色半導体レーザ　λ＝405nm
- N.A.0.85
- t1.2mm
- 800〜2,000rpm
- ビームスポット：0.47μm
- トラックピッチ：0.32μm
- φ120mm

3時間程度、BSデジタル放送（1,920 × 1,080i、24Mbps）で2時間程度のハイビジョン映像を録画することができるようになりました。

この規格の製品が始めて販売されたのは2003年で、ソニーのブルーレイディスクレコーダ「BDZ-S77」でした。3年後の2006年には、ソニー・コンピュータエンタテイメントのゲーム機PS3（PlayStation3、当時59,800円）に標準装備され、ブルーレイディスクによるゲームソフトの販売が開始されました。

この年から、ブルーレイディスクが飛躍的に売れるようになりました。それまでは、ハイビジョン画像のソースや受像機が普及しておらず、しかもDVDに比べて割高感があったため、それほど普及に加速がついていませんでした。2006年は、次世代DVDの元年ともいうべき年かもしれません。

●ブルーレイディスク 仕様

次にブルーレイディスクの仕様を示します。ブルーレイもCD、DVDと同じく12cm径のディスクを使用しています。

- 記録容量：25GB（1層）、50GB（2層）
- 使用波長：λ＝405nm 青色半導体レーザ
  （DVDはλ＝650nm 赤色半導体レーザ、CDは780nmの赤外レーザ）
- 対物レンズN.A.：0.85
  （DVDはN.A.＝0.6。CDはN.A.＝0.45。ブルーレイディスクは明るい光学系を使っている。）
- データ転送速度：36Mbps
- ディスクサイズ：φ120mm（CD、DVDと同じ）
- ディスク厚さ：1.2mm
- ディスクセンタ孔：φ15mm
- 回転数：800 rpm ～ 2,000 rpm
- 線速度：4.917 m/s
- 記録方式：位相変化
- 信号変調：1-7PP（Parity Preserve/Prohibit RMTR）変調
- 映像フォーマット：MPEG-2
- 音声フォーマット：AC3、MPEG-1

5-5 プリンタ光源

　プリンタ光源に半導体レーザが使われるようになって、プリンタも小型になり安価になりました。半導体レーザができる以前のレーザプリンタはガスレーザを用いたもので、小規模なオフィスに納入できるしろものではありませんでした。半導体レーザが小型になって高出力になり、しかもビームクォリティが安定してからはレーザプリンタはプリンタの代名詞になりました。

　レーザプリンタに使われている半導体レーザは、ビームスポットの小さい熱源としての働きをします。プリンタの心臓部は感光ドラムです。感光ドラムに文字や絵などのイメージ像を帯電したトナーで付着させ、これを普通紙に転写して熱で溶着させるというものです。感光ドラムにイメージ像を作りトナーを付着させる際にビームスポット状のレーザ光を使うのです。円柱状（あるいはベルト状）のドラムは、最初一様に帯電していてレーザ光が当た

図 5-5-1　レーザプリンタの原理

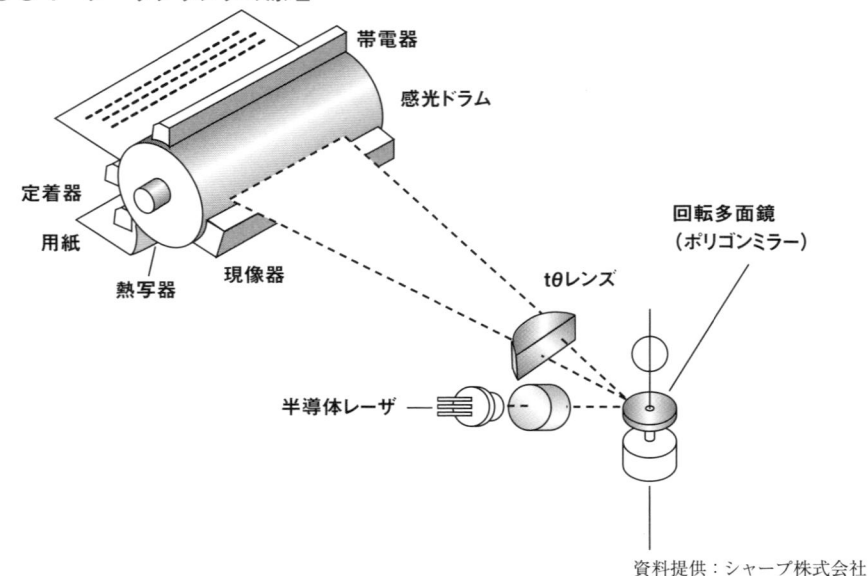

資料提供：シャープ株式会社

ると帯電が解けて除電されます。この手法でトナーを付着させたくない部位にレーザを照射させてプリントするイメージ像をドラム上に形成させるのです。

図5-5-1にレーザプリンタに使われている半導体レーザと走査光学系を示します。半導体レーザはポリゴンミラーと$f\theta$レンズによってドラムの水平方向に均一のレーザビームが照射できるようになっています。$f\theta$レンズとはビームの1スキャンがドラム中央部と周辺部で角度と距離が違うことによるズレを補正するためのレンズです。ポリゴンミラーによってレーザビームが1ラインスキャニングされると、ドラムが1ラインのビーム径だけ回転するようになっています。

レーザプリンタに使われる半導体レーザは、一般的に780nmの赤外半導体レーザが使われることが多く、出力も数mWから数十mW程度のものが使われています。プリント仕上がりの画質はレーザビーム径の大きさに依存し、微小で品質のよいビームスポットであるほどより高画質な印刷が可能になります。またビーム出力も安定したものが望まれ、ビーム出力が変動すると画質に大きな影響を与えます。

●青色半導体レーザを使ったレーザプリンタ

青色半導体レーザはブルーレイディスクで成功を収めているようにビームスポットを極度に小さくすることができます。この観点からより高画質のプリンタには青色半導体レーザが有効であり、こうしたレーザを使ったプリンタの開発も行われています。

青色半導体レーザを使ったプリンタは、2004年に日本IBM社から製品が出ています。これは、大型の業務用プリンタで、一度にたくさんの帳票を印刷するのに使われるものです。従来のこうしたレーザプリンタは、アルゴンイオンレーザが使われていました。そのガスレーザに替えて、半導体レーザ採用のものが作られました。大型計算機に付帯するこうしたレーザプリンタは、1分間にA5サイズの帳票を2,400枚以上の高速度で印刷できます。こうしたプリンタは価格も高価で1台1億円規模のものでした。

5-6 光ファイバ通信①
光通信の特徴

　光通信の分野では、半導体レーザは光通信源として独断場の状態であり、光通信に使われる光ファイバも光ファイバ需要の大きなシェアを持っています。光通信は半導体レーザと光ファイバで成り立っています。

図 5-6-1　光ファイバ

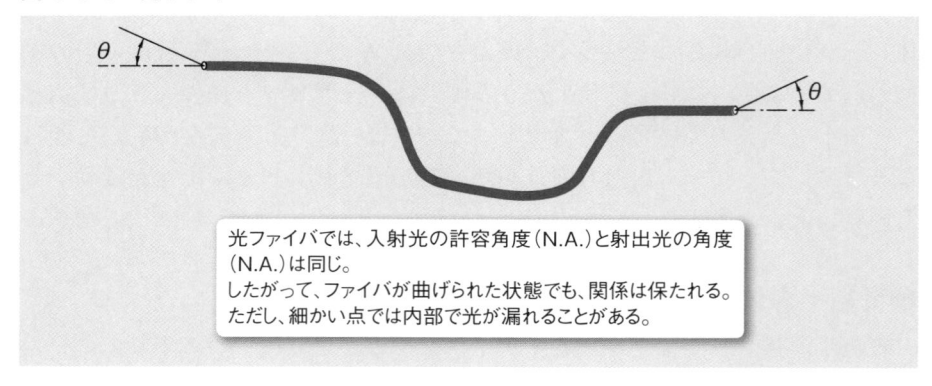

> 光ファイバでは、入射光の許容角度（N.A.）と射出光の角度（N.A.）は同じ。
> したがって、ファイバが曲げられた状態でも、関係は保たれる。
> ただし、細かい点では内部で光が漏れることがある。

●光通信の特徴

　光通信の大きな特徴を、以下に述べます。

・伝送損失が低い

　波長 1.55 μm という赤外域の半導体レーザを使って 1km で 4.5% の減衰（95.5% の透過）を持ちます。これは銅線を使った電気通信（99% の減衰、1% の透過）に比べて減衰量が約 100 倍少ない計算になります。

・多くのデータが送れる

　光ファイバでは 1 秒間に 10 ギガビットのデータが送れます。その上、多重送信技術を使えば複数倍のデータが送信できます。光の周波数はテラヘルツで振動しているので、銅線の送信帯域である数十ギガヘルツと比べて 1,000

倍以上の伝送能力を持ちます。

・経済的な敷設工事

　重い銅線・アルミ線と比べると、光ファイバは比較にならないほどの軽量なケーブルを使用することができます。光ファイバは、銅線のように信号伝達に高い電力を必要としません。また、電力が小さくて済み伝送損失も低いことから中継点を少なくすることができます。

・電磁誘導に対して強い

　光データは電力送電線と一緒に埋設しても電磁ノイズによりデータが送れなくなることはありません。電力線と共存できます。

・漏話が起こりにくい

　電気信号のような電磁誘導による混信が起きることはありません。

・電気漏電、ショートが起きない

●光通信発達の理由

　光通信が急速に発展した背景には、以下の理由が挙げられます。

・光を変調する技術（半導体レーザ、フォトダイオード）が確立したこと
・減衰の少ない光ファイバの開発ができたこと
・光通信は電磁ノイズに強いこと
・たくさんのデータが高速で送受信できること
・ケーブルが銅線に比べて細くて軽くなるので敷設が楽で費用も低減できること

　光通信は、海底ケーブルや、大陸を横断する長距離ケーブル、日本国内を横断・縦断する幹線通信経路に大きなプロジェクトとして敷設が行われてきました。幹線通信ケーブルは、敷設距離が長いことと敷設工事費用がかかることから、光ケーブルの敷設の簡便さ、それに通信速度とデータ量の多さで従来のケーブルに比べ圧倒的に有利でした。

　2000年以降、家庭内にも光ケーブルの設置工事が進み、普及率も年々上がってきています。

5-7 光ファイバ通信 ② 光ファイバの原理

　光通信用のファイバは、近赤外の 0.85 〜 1.3μm 帯域が最も減衰が少なくて製造しやすかったことと、その帯域の半導体レーザが作りやすかったことから、赤外域の光ファイバの開発がメインに行われてきました。

　この事実は、可視光を中心とする画像を扱う光ファイバとは少し趣が違うものであることを教えています。通信用光ファイバは、長距離伝送と広帯域情報伝送が一番の関心事であるので、伝送損失が最も低いものが望まれます。この理由から、通信用と画像転送用ファイバでは扱う波長はもちろんのことファイバ単繊維の太さについてもそれぞれ最適なものが求められ、イメージファイバのように細くて可視光領域に減衰のない明るい（N.A. が大きい）繊維という条件とは異なったものになっています。

図 5-7-1　光ファイバの原理

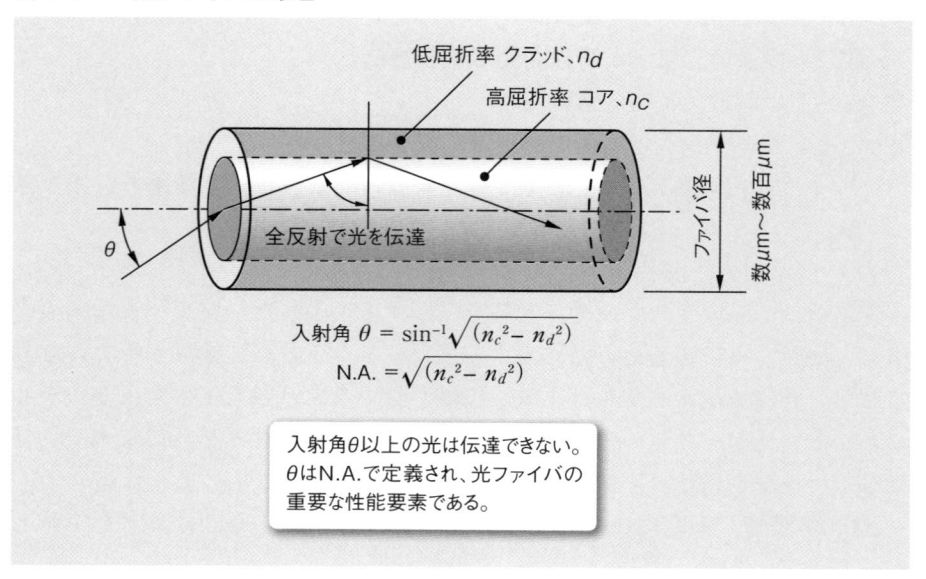

低屈折率 クラッド、n_d
高屈折率 コア、n_c
ファイバ径 数μm〜数百μm
全反射で光を伝達
θ

入射角 $\theta = \sin^{-1}\sqrt{(n_c^2 - n_d^2)}$

N.A. $= \sqrt{(n_c^2 - n_d^2)}$

入射角θ以上の光は伝達できない。
θはN.A.で定義され、光ファイバの
重要な性能要素である。

●光ファイバの原理

　光ファイバの原理を簡単に説明しておきます。光ファイバは、光の全反射特性を利用しています。この原理は、半導体レーザのキャビティ（発振部）の構造と同じです。光ファイバは、チューブ状の形をしていて2種類の屈折率を持ったコア部とクラッド部で構成されています。両者の屈折率の違いで光の全反射が起きてファイバの外に漏れることなく光が伝達されます。

　光の全反射する条件は図5-7-1に示される入射角（θ）で示されます。この入射角θよりもきつい光は全反射ができず漏れてしまいます。光ファイバではこの入射角、すなわちN.A.（開口数：Numerical Aperture）が大切な要素となります。

●光ファイバの材質

　光ファイバには、多くの場合石英（SiO_2）ガラスが使われます。石英は、紫外から赤外まで良好な透過性能を持っていて機械強度も高く、高い温度にも耐えることから光ファイバの主力的存在です。光ファイバに使われる石英は、結晶石英ではなくガラス（アモルファス）石英を使います。

　光データ通信に使われる光ファイバの製造には厳しい品質チェックが課せられます。長距離データ転送の光ファイバ埋設工事は、高額な設置費用がかかり保守も容易にできないため、光ファイバ欠陥に対する製造上の品質チェックを厳しく行って、ファイバ製造時に被覆をつけてファイバを保護し、さらにファイバに張力を与えて強度の足りないファイバを破断させるというスクリーニング試験が実施されています。

　光ファイバの基本材料は、石英であることを述べましたが、クラッド部とコア部は屈折率を異にしなければならないため、コア部に不純物をドーピングして屈折率を高めています。ドープする材料は、石英と最も相性のよいゲルマニア（GeO_2）が使われます。このほかドープする材料には、にリン（P）を加えることがあり、屈折率を下げる目的には硼素やフッ素が使われます。

5-8 光ファイバ通信 ③
モードとモード分散

●モード（Mode）

　画像用ファイバではあまり大きな問題とされず、通信用ファイバで大きな問題となるものに、ファイバ内部を伝送する距離の違い、いわゆるズレがあります。

　前節では光ファイバは、光の全反射の性質を使ってファイバ内を伝搬する

図 5-8-1　光ファイバのモード

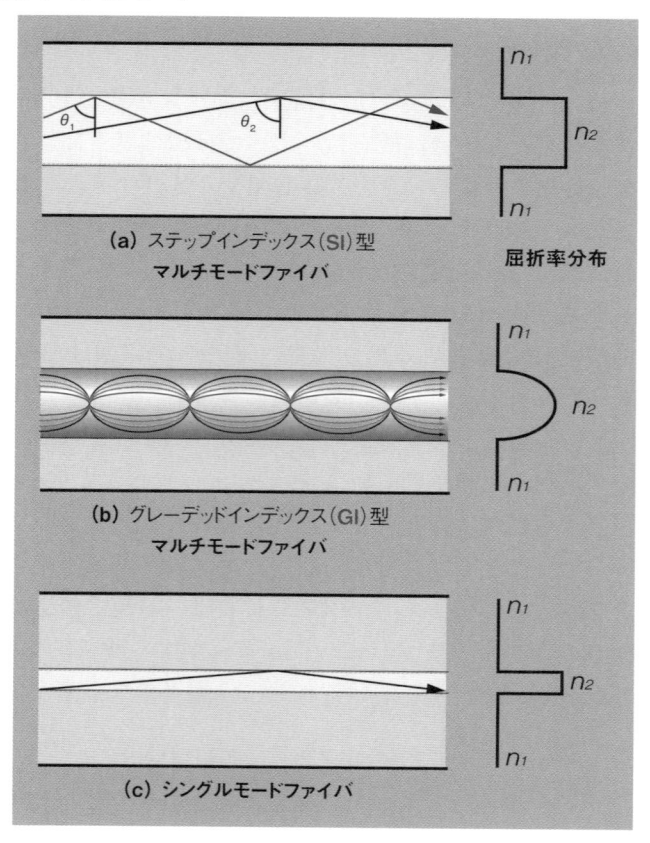

(a) ステップインデックス（SI）型　マルチモードファイバ

(b) グレーデッドインデックス（GI）型　マルチモードファイバ

(c) シングルモードファイバ

屈折率分布

ことを述べました。ファイバ内部の光の伝搬状況は、図5-8-1のようになります。光が伝わる光路をモードと呼びます。モードは、全反射を起こす角度が一番大きい（入射角が最大）ものを基本モードと呼んでおり、基本モードを0次として、以下1次、2次・・・n次となります。入射角度が次数で表されるのはなぜかというと、光ファイバ内では、長い距離を伝送するためには定在波（Standing Wave）の存在が必要で、定在波は連続ではなく飛び飛びとなるためです。光ファイバのように伝送する口径が小さい（光の波長の100倍以下）と、離散的なモード分布が顕著に現れます。

　光ファイバには、たくさんの光路伝送を持つマルチモードファイバと、一通りの伝送経路しか持たないシングルモードファイバがあります。さらに、マルチモードファイバには、コア部の屈折の方式によってステップインデックス（SI：Step Index）型とグレーデッドインデックス（GI：Graded Index、Gradient Index）型があります。

●モード分散を解決する2つの方法

　モードは、画像伝送用に使うファイバではそれほど重要な意味を持つものではありませんが、データ伝送用の光ファイバでは重要な意味を持ちます。つまり、データ通信用として図5-8-1(a)のステップインデックス型マルチモードファイバを使うと、いろいろな角度を持った全反射光が伝搬され、反射角の大きいもの（θ_2）は光路が長いので、長い距離を伝搬し、反射角の小さいもの（θ_1）との光路差がでてしまいます。これをモードの分散（mode dispersion）と呼びます。モードの分散は、周波数の高い光データ信号を送る場合に混信の原因となります。これを解決するためには、

（1）モードが変わっても伝搬時間が揃うようにする
（2）単一モードだけしか伝搬できないようにする

という2つの方法が考えられます。

　（1）の複数モードの伝搬時間を揃える方法として、図5-8-1(b)に示されるGI型マルチモードファイバがあります。この光ファイバは、コア部の屈折率が外側にいくにしたがい屈折率が小さくなるような屈折分布を持っていて、

コアの外側を通る光は内部を通る光よりも速く伝搬できるようにしてあります。このような理論（屈折率の放物線分布）をもとに、コア部の屈折分布を最適化すれば複数のモードで伝搬する光に対して遅れがなくなります。

　GI 型光ファイバの欠点は、理想通りの屈折分布を持つファイバ製造が難しい点にあります。したがって、長距離データ転送には、現在のところ（2）の単一モード転送の光ファイバ、つまり、図 5-8-1(c) のシングルモードファイバ（SMF：Single Mode optical Fiber）が使われています。

●光通信に適したシングルモードファイバ

　シングルモードファイバは、コア径をどんどん細くしていって全反射を行う角度範囲を狭めていく手法をとります。こうするとファイバ内を伝搬する経路はひと通りしか取りえなくなり、基本モードだけが残るようになります。シングルモードファイバのコア径は $10\,\mu\mathrm{m}$ 程度で、マルチモードファイバの $50\,\mu\mathrm{m}$ に比べて 1/5 程度に細くなっています。シングルモードのコア径は、使用する波長の 10 倍以下といわれています。

　シングルモードファイバでは、コア径が小さくて、かつ入射できる光の角度が制限されるため、N.A. が低く、これを画像伝送用途として使うには伝送効率が悪くて暗い光学系となってしまい、あまり望ましいものとはいえません。シングルモードファイバは、データ転送用で使うことが多いものの、光をファイバ内に入れるのが難しく、光源との結合や光ファイバ同士の接合に細心の注意を払う必要があります。

　シングルモード光ファイバは現在の光データ通信では最も適したものであるために、日本で生産される光ファイバの 90% 以上がシングルモード光ファイバであるといわれています。

5-9 その他の活用例
レーザ治療器／溶接機／測定器

　医療分野でのレーザの使用が増えています。その代表的なものがレーザメスです。熱源を微小スポットにできることから細かな切開が可能になります。皮膚の治療にも赤外レーザ照射が行われています。これらは、レーザが単一波長の光であること、ビームエネルギーが強いため熱源として使用できること、などの特徴が生かされた結果です。これらの分野で半導体レーザは、コンパクトであり使いやすいことから熱源（レーザメスや皮膚治療）として使われています。

　図 5-9-1 に示した医療用レーザメスは、810nm 波長の赤外線半導体レーザを用いています。出力は、連続で最大 3W で、パルスモードでは必要に応じて出力とパルス間隔を調整して使用できるようになっています。

図 5-9-1　半導体レーザメス　オサダライトサージスクエア

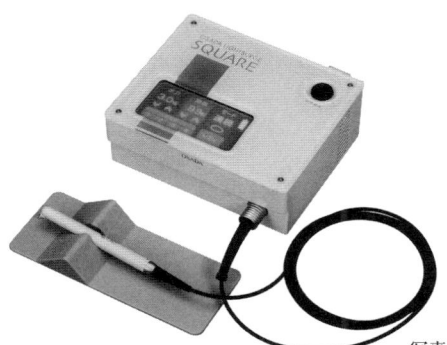

写真提供：長田電機工業株式会社

　ファイバから出た赤外線レーザ光は切除部に照射され高密度の熱エネルギーで患部を切除します。したがって、メスに相当する切断厚はサブミリ相当となり、細かい処理が可能です。赤外レーザは目に見えないので、患部にメスを当てるガイドは赤色の半導体レーザを使って照射できる位置を特定できるようになっています。

●レーザ加工（溶接）

　レーザを熱源として利用することは、レーザが開発された当初から行われてきました。CO_2（炭酸ガス）レーザは、出力が50kW程度のものがあり大きな建物に設備して使用する大型のレーザ加工装置です。半導体レーザは、コンパクトさの利点を生かして小型のレーザ加工用として使われています。特に、樹脂などの溶着、樹脂表面の熱処理などは、高いレーザ出力は必要ないので、数W～数十W程度の赤外半導体レーザを用いて熱処理を行っています。

図 5-9-2　レーザ加工機のしくみ

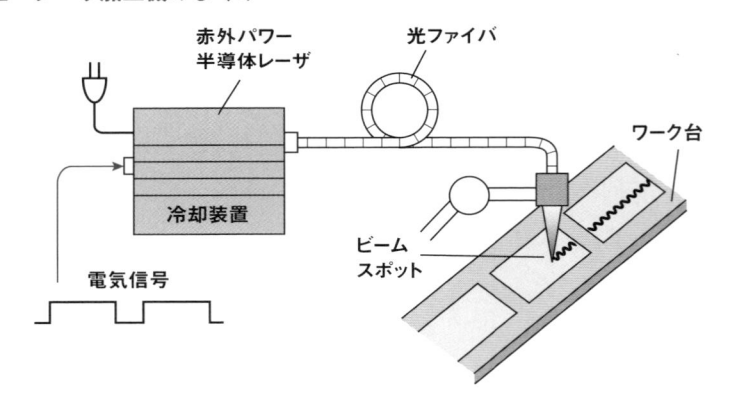

●レーザ測定器

　レーザの直進性を利用して建築、土木、大型建造物の建設などでレベル出し（墨出し）のためにレーザ装置が使われています。半導体レーザの登場によって、こうしたレーザ測定機はよりコンパクトで多機能になりました。ソキアトプコン株式会社が販売しているレーザ測定機「LX32」は、水平・垂直方向にケガキ線を発生する装置で、縦4方向、横全周のフルラインを発生します。全ラインの総合精度は、10mの照射距離で±1mm（±20秒）です。

　使用している半導体レーザは、0.99mW出力（クラス2）の635nmの赤色半導体レーザです。装置のサイズもコンパクトで乾電池でおよそ10時間使うことができます（単3乾電池×4本）。こうした装置は建設現場での墨出しに使いやすい設計になっています。

第6章

半導体レーザ部品の性能を見る

本章では、実際の半導体レーザ素子のカタログに記載されている項目の性能について、わかりやすく説明します。

6-1 市販製品のデータシートを読む ①
外観と概要

　市販されている半導体レーザのカタログを参考に、半導体レーザの性能を知る方法を見ていきましょう。参考にしたのは、ソニーの赤色（650nm）半導体レーザ SLD1332V です。この半導体レーザは、500mW のレーザ出力を持っています。素子の形状は以下に示すようにφ9mm のメタル缶タイプです。缶の上部の窓からレーザが出力します。

図 6-1-1　SLD1332V の外観

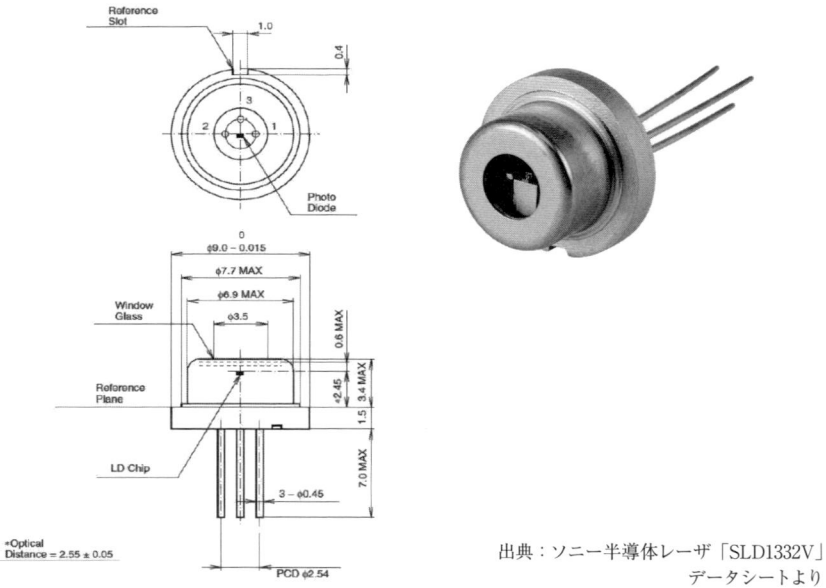

出典：ソニー半導体レーザ「SLD1332V」データシートより

　多くの半導体レーザが金属のケースに覆われています。その理由は、半導体レーザが自ら発する熱に弱いため放熱をよくするためです。

　カタログには、図 6-1-2 に示すような仕様が掲載されています。以下、この技術仕様の読み方を説明します。

図 6-1-2　SLD1332V の概要

```
概　要
  SLD1332Vは，QW構造を持った高出力可視光レーザ
ダイオードです。この構造により500mWの高出力を
実現しております。

特　長
・高出力　推奨光出力　Po＝0.5W
・QW構造
・9φCanタイプパッケージ

用　途
  計測器

構　造
  AlGaInP量子井戸構造レーザダイオード

絶対最大定格（Tc＝25℃）
・光出力　　　　　Pomax　　　0.55　　　W
・逆方向電圧　　　V_R　LD　　2　　　　V
　　　　　　　　　　　PD　　 15　　　　V
・動作温度（Tth）Topr　　　 −10〜＋30　℃
・保存温度　　　　Tstg　　　 −40〜＋85　℃

動作寿命
  MTTF 10,000H（実力値）at Po＝0.5W, Tc＝25℃
```

出典：ソニー半導体レーザ
「SLD1332V」
データシートより

データシートには、概要に続いて特長、用途、構造、絶対最大定格、動作寿命が記載されています。

●概要

データシートの概要には、半導体レーザの大まかな性能が示されています。この例では、SLD1332V は量子井戸構造（ＱＷ構造）を持つ可視光半導体レーザで、出力は 500 mW（Po ＝ 0.5W)であることがうたってあります。500 mWはかなり強いレーザです。直接目に入ると危険を伴う強さです。レーザの危険度はクラス分けで区別されクラス 1 からクラス 4 まであります。クラス 4 が一番危険で、取扱いに最も注意を払うべき製品です。この製品はクラス 4 です。クラス分けの説明は 158 ページで詳しく説明しています。

●特長

この項では、レーザの特長がうたわれています。SLD1322V の特長は、500 mW（Po ＝ 0.5W）の高出力であることと、量子井戸構造を持った半導体レーザであること、φ 9mm のメタル缶パッケージであることが記載されています。

●用途と構造

　この製品の使われる用途が記載されていて、このデータシートでは計測器となっています。したがって、このレーザはレーザ測定機、プリンタ、ラインマーカなどのような可視光で出力が強い光源が必要な目的に使われます。

　構造は、「AlGaInP 量子井戸構造レーザダイオード」と記載されているので、赤色の発振ができる、AlGaInP（アルミニウムインジウムガリウムリン）の半導体を用いた量子井戸構造であることを示しています。量子井戸構造（QW：Quantum Well）とは、レーザ発光を効率よく行うための半導体構造のひとつで、発光効率のよい発光ダイオードや半導体レーザに使われています。この構造は、ナノメートルオーダーでバンドギャップの違う半導体結晶を薄膜成長させてサンドイッチ構造を作るもので、狭い領域の中に電子が封じ込められて効率のよい発光ができるものです。

●絶対最大定格

　この項目は、半導体レーザに与えてはならない電気的物理的特性の限界値です。ここに記載された数値以上の値を加えると、素子が損傷にいたります。記載は、素子のケース温度（Tc=25℃）での記載です。

・光　出　力：この素子が保証される寿命で使用できる最大出力であり、この値以上の出力を得ようとして素子に電流を多く流すと破壊にいたる値です。取り上げた素子では 0.55 W 以上の出力を発光させてはなりません。
・逆方向電圧：半導体レーザに加えてはならない逆方向の電圧です。誤って極性を間違えたり、回路から逆電流が流れて記載する電圧以上に達すると破壊にいたります。したがってこの素子を使うときは、これらの電圧が加わらないように保護回路を設ける必要があります。記載されている「LD」の項目の 2V は、半導体レーザに加わる逆方向電圧の最大値であり、「PD」の項目の 15V は半導体レーザに内蔵されているフォトダイオードが耐えられる最大逆電圧です。

- **動 作 温 度**：動作温度は、素子が使用できる温度範囲です。発光ダイオードに比べて動作温度が狭いのが注意点です。
- **保 存 温 度**：素子を保管できる温度範囲です。

●動作寿命

　動作寿命は、素子の平均寿命時間で表されています。記載にある MTTF は Mean time To Failures で平均時間を示しています。この素子の場合は 25℃の操作温度で 500mW の出力で使用した場合に、平均 10,000 時間の寿命を持ちます。1 日 10 時間程度の使用では、1,000 日、2 年 9 カ月の寿命となります。連続使用では 417 日、1 年程度で寿命となります。

●結線図とピン配置図

　データシートには、結線図と素子のピン配置図が示されています。
　この素子は、半導体レーザ（LD）と発光の状態をモニタするためのフォトダイオード（PD）が組み込まれています。その結線は、3 番ピンが（+）の電極で 1 番ピンが半導体レーザ部の（－）電極、2 番ピンがフォトダイオード部の（－）となっています。このピン配列に従って結線処理を行います。

図 6-1-3　結線図とピン配置図

結線図

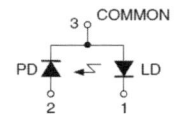

```
        3 ○ COMMON
PD ▲◀─┤▶ LD
    2       1
```

ピン配置図

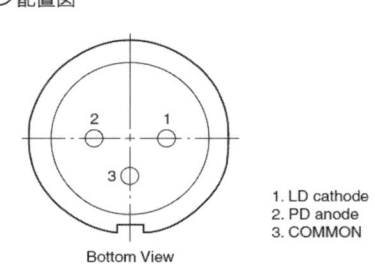

1. LD cathode
2. PD anode
3. COMMON

Bottom View

出典：ソニー半導体レーザ「SLD1332V」データシートより

6-2 市販製品のデータシートを読む ②
電気的光学的特性

半導体レーザ素子のデータシートには、図6-2-1のような特性表が記載されています。以下その内容を説明します。

図 6-2-1　電気的工学的特性表

電気的光学的特性（Tc＝25℃）　　　　　　　　　　　　　　　　　　　　Tc：ケース温度

項　目		記号	条　件	最小値	標準値	最大値	単位
発振開始電流		Ith		－	0.4	0.7	A
動作電流		Iop	Po＝0.5W	－	0.7	1.1	A
動作電圧		Vop	Po＝0.5W	－	2.4	3.2	V
発振波長		λp	Po＝0.5W	660	670	680	nm
放射角	接合に平行	θ//	Po＝0.5W	4	10	15	degree
	接合に垂直	θ⊥		15	21	30	degree
発光点精度	角度精度	Δφ//	Po＝0.5W	－	－	±4	degree
		Δφ⊥		－	－	±3	degree
	位置精度	ΔX, ΔY		－	－	±50	μm
微分効率		ηD	Po＝0.5W	－	1.0	－	W／A
モニタ電流		Imon	Po＝0.5W	－	0.7	－	mA

出典：ソニー半導体レーザ「SLD1332V」データシートより

●光出力

データシートには光出力の項目はあえて載せてありませんが、条件の欄にPo=0.5Wという記載があり、このデータシートは500mWの光出力を出すことが大前提になっていてこの出力を出すための特性が記載されています。

半導体レーザでは、素子の温度によって出力が変化し、素子の温度が高くなるにつれて出力が低下します。光出力を一定にしたい応用では、素子に内蔵されたフォトダイオードで出力を常時モニタし、半導体レーザに与える電流を制御して光出力を一定にする配慮をしています。

●発振開始電流

発振開始電流は、レーザが発振するための最低供給電流です。半導体レーザは、ある一定の供給電流に達するまではレーザ発振を行わず、LED（発光

ダイオード）の発光を行っています。レーザ発振を開始する電流値が発振開始電流とか閾（しきい）値電流と呼ばれるものです。この素子では、0.4Aが閾値電流ですので、レーザ発振のためには0.4A以上の電流を流してやる必要があります。

図6-2-2に動作電流と光出力の特性を示します。図からわかるように電流を流していっても400mA（= 0.4A）までは光の出力はなく、この値を越えるとレーザ発振が起き電流に比例して出力が増えていきます。

● **動作電流**

半導体レーザの定格出力に対する電流値です。この素子の場合、0.7Aの電流で500mWの出力が得られることになります。動作電流の欄には最大値の記載がありこの場合には1.1Aとなっています。したがって、この素子に流せる電流は0.4Aから1.1Aの間となります。動作電流とレーザ出力の関係は、図6-2-2のようになっています。

図6-2-2　動作電流 - 出力光特性

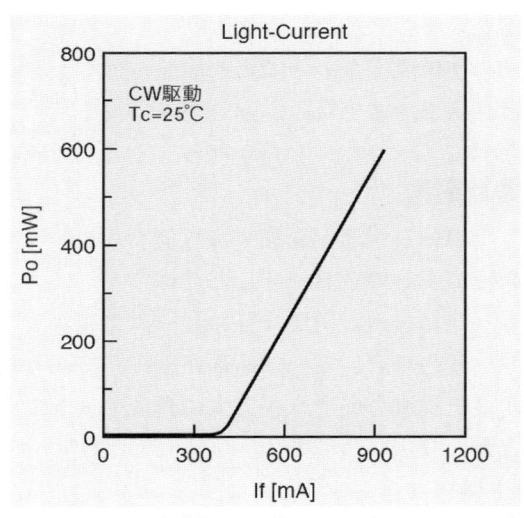

出典：ソニー半導体レーザ「SLD1332V」データシートより

● **動作電圧**

動作電圧は、半導体レーザに印加できる電圧です。この素子では2.4VDCが標準で最大3.2VDCとなっています。それ以上の電圧を加えると素子に損傷を与えます。

● **発振波長**

発振波長は、半導体レーザの発振する波長です。この素子では670nmが標準で、±10nmの幅を持った発振であることがわかります。半導体レーザは、そもそも発振波長の幅が狭いのが特徴です。図6-2-3に本装置の発光特性を示

します。この図からは中心発光波長が671nmで±1nmの波長幅であることがわかります。両者の違いは、製造上のバラツキと温度依存による波長シフトによります。半導体レーザは発振部の温度により10℃で約2nm長波長にズレます。したがって、発振波長を厳しく管理しなければならない場合は、半導体レーザの使用温度を十分に考慮しなければなりません。

図 6-2-3　発振波長

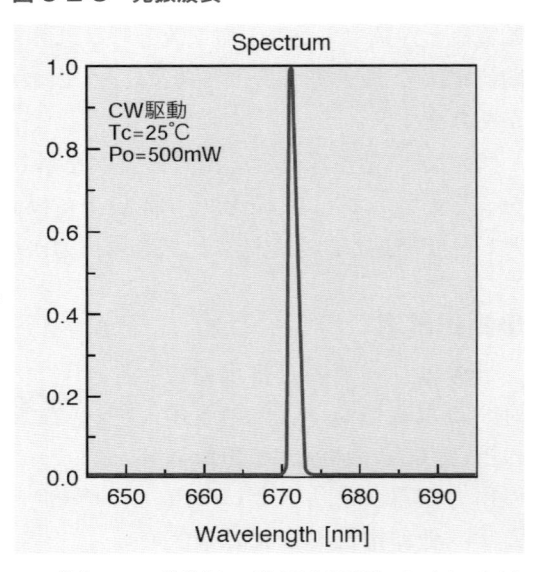

出典：ソニー半導体レーザ「SLD1332V」データシートより

● 放射角

半導体レーザが発振する放射角度です。ガスレーザなどではレーザビームが数ミリ径のビームで糸のような光が放射されますが、半導体レーザの場合、ビーム断面が楕円状であり楕円錐状に拡がります。その放射角度を垂直方向と水平方向の角度で表しています。拡がり角度は、10°～20°とかなり広い角度です。

● 発光点精度

発光点精度とは、半導体レーザの発光する位置の精度を規定するものです。半導体レーザは、図6-2-4に示すような半導体構造になっていて、発光素子自体は0.5mmにも満たない非常に小さいものです。その小さい素子の狭い部位からレーザ光が放出されます。発光点精度は製造上の誤差成分ということができます。仕様ではビームの拡がる角度の精度とビームが出てくる位置精度を決めています。この仕様は、半導体レーザを光学部品に組み付けて意図するビーム形状の作るときに大切な数値となります。

この製品では、角度精度が平行方向で±4°、垂直方向で±3°の精度となっています。この角度精度とは、製作上の精度で設計値との誤差です。その誤

図6-2-4　SLD1332チップ構造

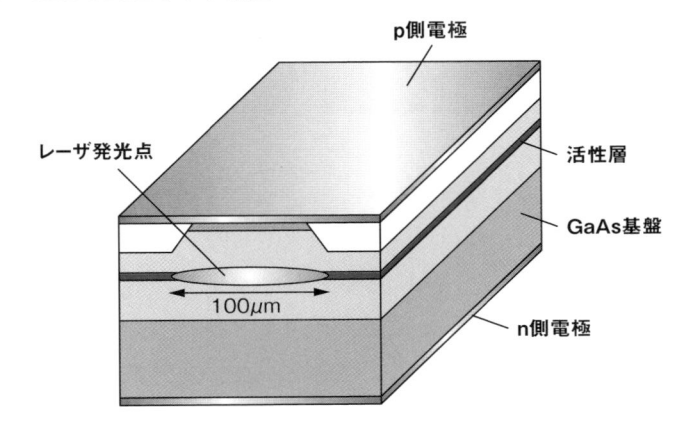

レーザ発光点／p側電極／活性層／GaAs基盤／n側電極／100μm

出典：ソニー半導体レーザ「SLD1332V」データシートより

差精度を垂直と水平方向の角度精度として表示しています。

また位置精度とは、中心位置からのズレを示したもので、この素子では縦方向・横方向50μmの誤差があることを示しています。

●微分効率

数値の単位は、W／Aで表されます。入力電流に対する光出力の比例係数であり、両者の傾きを示しています。この素子では数値が1.0であることから、入力の電流に正比例して光出力が増えることを示しています。この特性を利用して、半導体レーザの光量を調整する回路を作ります。

●モニタ電流

モニタ電流は、半導体レーザに内蔵されているフォトダイオード部に流れる電流です。フォトダイオードは半導体レーザの発光の度合いに応じて発電し電流を流します。この電流は、500mWの発光の時に0.7A流れます。半導体レーザは温度依存性があり、素子の温度によって出力が変動します。この変動に対してレーザ出力を一定にしたい場合、このモニタ電流を使ってレーザ出力を絶えず一定にすることができます。

6-3 代表的な形状と冷却対策

　半導体レーザの形状は、メタル缶タイプとブロックタイプの2種類がほとんどで、一般の半導体レーザはメタル缶タイプです。ブロックタイプは、30〜数百Wクラスの大出力レーザに見られるタイプで、内部に複数の半導体レーザ素子が配列されています。これらのレーザは赤外線発振のものがほとんどです。ブロック自体が相当の発熱をするためブロックごと冷却しなければなりません。その意味でこうしたレーザは冷却に適したメタルブロック構造になっています。このタイプのものには素子内部に冷却水を流すための配管処理を施したものもあります。メタル缶タイプのものは、1W以下のレーザに使われています。この出力であるならば、特に冷却対策を施さなくても自身の熱伝達と放熱で長時間の使用に耐えることができます。ただし、温度が高くなる環境では適切な排熱対策を施さねばなりません。

図 6-3-1　半導体レーザの代表的な形状

メタル缶タイプ

ほとんどのレーザがこのタイプ。
メタル缶にしているのは半導体素子の冷却を考慮しているため。
熱容量があるため放熱特性に優れている。

ブロックタイプ

大出力レーザで、赤外半導体レーザに多い。
内部は、スタックバー構造になっていて、
複数の素子が並び、光学素子を使って
1ビームラインにして取り出している。
発熱が大きいので冷却を十分な考慮が必要。

●半導体レーザの取り付けと冷却対策

　半導体レーザは、半導体素子であるので当然のことながら熱に対しては敏感で、許容温度以上での使用では性能が出ないばかりか、寿命を縮め焼損にいたることがあります。出力が5Wを越えるようなパワーレーザの場合には、十分な冷却機能を設けないと使用中に素子の温度が上昇し機能を低下させてしまいます。

　特に30Wを越えるような出力の半導体レーザでは、発光効率が30%程度あるとはいえ、70%は素子内での発熱になります。30W出力の半導体レーザは、電気を100W消費します。これで発光効率は30%となるわけですが、光出力30W以外の70W分の消費電力は熱となります。したがって、こうしたパワーレーザを使う場合には、カタログに記されている使用温度を十分に考慮して、冷却の配慮を行う必要があります。

　冷却の一般的な方法は、素子に熱容量の大きく熱伝導の高い放熱板を取り付けることです。これに冷却ファンを取り付けて放熱板の温度上昇を抑えます。電子クーラー（ペルチェ素子）を使って強制的に温度を制御する方法もあります。また、より安定した温度で長時間使う場合には冷却水を使った設備を施す場合があります。

図6-3-2　大出力半導体レーザの冷却

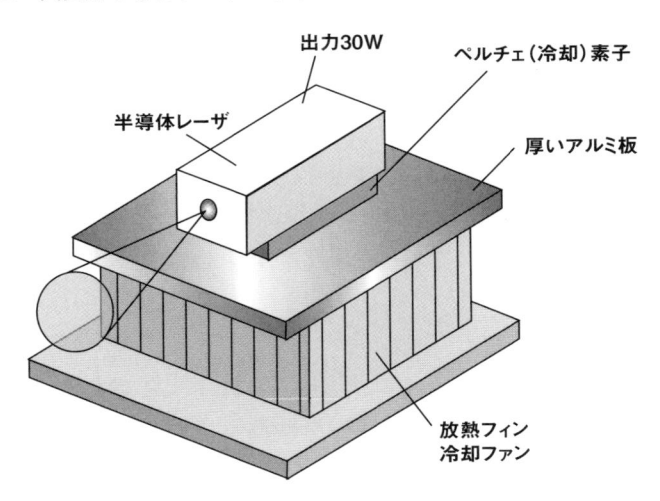

6-4 半導体レーザの安全性

　レーザは、密度の高い光エネルギーなので、時と場合によって人体、特に目に対して少なからずダメージを与えることがあります。使用に当たって十分な配慮をすべきレーザは、以下となります。

- 肉眼では見えない波長（赤外、紫外領域）のレーザ（発光波長）
- 出力がワットクラスのレーザ（レーザ出力）
- ピーク出力がｋＷ、メガワットクラスのレーザ（ピーク出力）

●発光波長

　人間の目に見える波長のレーザでは、レーザ光の危険予知ができるため十分な配慮をもってレーザ光を扱うことができます。しかし肉眼では見えない赤外領域や紫外領域ではレーザ光が出ていることすらわからないので危険です。特に赤外レーザの出力の高いものでは目の損傷や火傷を被るケースがあり、紫外発光では皮膚に少なからぬダメージを与えます。

●レーザ出力

　レーザ出力では数mW程度のものは人体に多大な悪影響を与えることはありません。しかし出力がワットクラスになると数ミリ径のビームではエネルギー密度が高いために皮膚に少なからぬ影響を与え目に障害を与えます。また、樹脂や紙などもレーザ光エネルギーによって加熱、変色することがあります。不用意にレーザを発振しない配慮をしなければなりません。

●ピーク出力

　半導体レーザではピークエネルギーの高いものは見あたりませんが、YAGレーザやエキシマレーザなどではパルス光のピーク値が数kWから数MWになるものがあります。これらのレーザはとても危険です。ピークエ

ネルギーが高いために光の量が数mJと小さい場合でも、ビームが集光する部分では金属でも溶かしてしまうほどの高い量子エネルギーを持っています。ピークエネルギーの強いレーザではCCDやCMOSなどの撮像素子を焼くこともあります。当然、人の目に入ると網膜や角膜を損傷する危険があります。

●レーザの安全基準とクラス分け

　レーザを安全に正しく利用するために、国際機関（IEC：International Electro-technical Commission、国際電気標準会議）や日本のJISなどでは、レーザのクラス分けと安全基準を策定しています。JIS6802では、「レーザ製品の安全基準」として4つのクラス（クラス1、クラス2、クラス2M、クラス3R、クラス3B、クラス4）にレーザを分類しています（158ページ参照）。

　これらのことから、レーザポインタや人の身近にあるものはクラス2以下のレーザを使う必要があることがわかります。また0.5W以上の出力を持つレーザでは、取扱いに十分に注意する必要があります。可視光以外のレーザでは、不用意に目にレーザが入らない配慮が必要となります。
　半導体レーザには安全管理のために図6-4-1に示すような警告ラベルが貼付されています。このラベルには、発振波長とピーク出力、安全基準のクラス識別が明記されています。

図6-4-1　半導体レーザの冷却

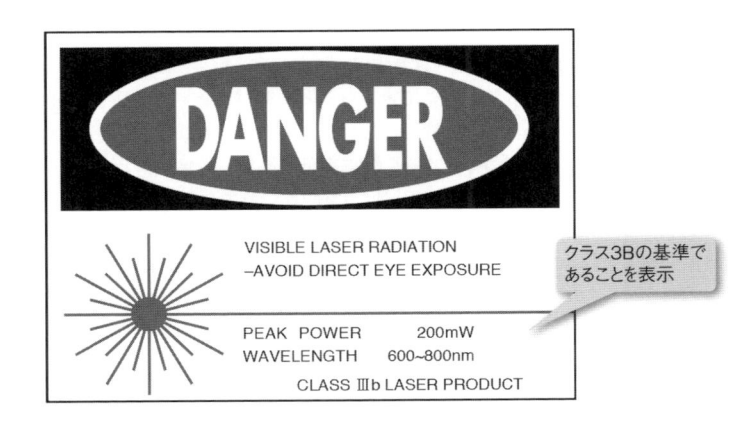

DANGER

VISIBLE LASER RADIATION
−AVOID DIRECT EYE EXPOSURE

PEAK POWER　　200mW
WAVELENGTH　　600〜800nm
CLASS Ⅲb LASER PRODUCT

クラス3Bの基準であることを表示

Column
レーザの安全基準

　以下に示した表は、レーザに関する安全基準のクラス分けの表です。私たちの身の回りにあるレーザ製品は、安全を十分に考慮された「クラス2」以下が求められます。工業製品などでクラス4のレーザを使うときは、厳しい管理と制約のもとで使う必要があります。

クラス1	人体に障害を与えない低い出力。$0.39\mu W$以下。
クラス2	可視光領域（発振波長：400nm～700nm）のレーザで、人体の防御反応により障害を回避し得る程度の出力のもの。1mW以下。
クラス2M	可視光領域（発振波長：400nm～700nm）のレーザで、人体の防御反応により障害を回避し得る程度の出力のもの。1mW以下。ただし、光学機器の光源として使う場合、条件によってはまぶしさや眩惑など嫌悪感を伴う場合があるもの。
クラス3R	直接目に入ることが危険とされるレベルのレーザで、可視光領域ではクラス2の5倍程度（5mW）までのもの。可視光以外ではクラス1の5倍程度までのもの。肉眼で使う光学機器の光源としては推奨しないレーザ。
クラス3B	直接目に入れると障害を伴うレーザ。連続発振レーザーで0.5W以下のレーザ。直視をしなければ安全なレベルである。使用に際しては装置に鍵やインタロックを取り付ける必要がある。使用中である旨の警告表示が必要。人体に対してはクラス3B以下の基準になるよう保護メガネや保護板を使用する必要がある。
クラス4	使用に関して、最も注意を要するレーザ。レーザの直接光はもとより反射、散乱した光でも目に障害を与える危険があるもの。レーザ出力0.5W以上のもの。使用に際しては装置に鍵やインタロックを取り付ける必要がある。使用中である旨の警告表示が必要。人体に対してはクラス3B以下の基準になるよう保護メガネや保護板を使用する必要がある。このクラスのレーザでは、使用する管理区域を決め、クラス4のレーザを使用していることを知らしめる標識を管理出入り口に表示し、不用意にレーザ光をみない工夫（遮蔽板で囲いを設ける）をする必要がある。

第7章

半導体レーザを使う

半導体レーザが使われている製品について、
具体的な例に挙げてそれらの特徴を述べます。
レーザの特性を生かしながら、小型コンパクトな半導体レーザ固有の特徴が
いかんなく発揮した製品の機能を十分に理解していただくのが本章の狙いです。

7-1 レーザを発振させる

　半導体レーザは、ほかのレーザと違って発振がとても簡単に行える特徴があります。レーザポインタなどを見てもわかるように、電源スイッチを ON にするだけで簡単にレーザ光を出すことができます。

　半導体レーザを発振させるには、まず半導体レーザの発振に必要な電源を用意します。半導体レーザは、直流の 2 〜 4V 程度の動作電圧で発振します。この動作電圧は、使用する半導体レーザの発振波長で変わります。半導体レーザの発振には、発振を促す動作電圧と光出力に関与する動作電流が必要です。

図 7-1-1　レーザ発振の構成

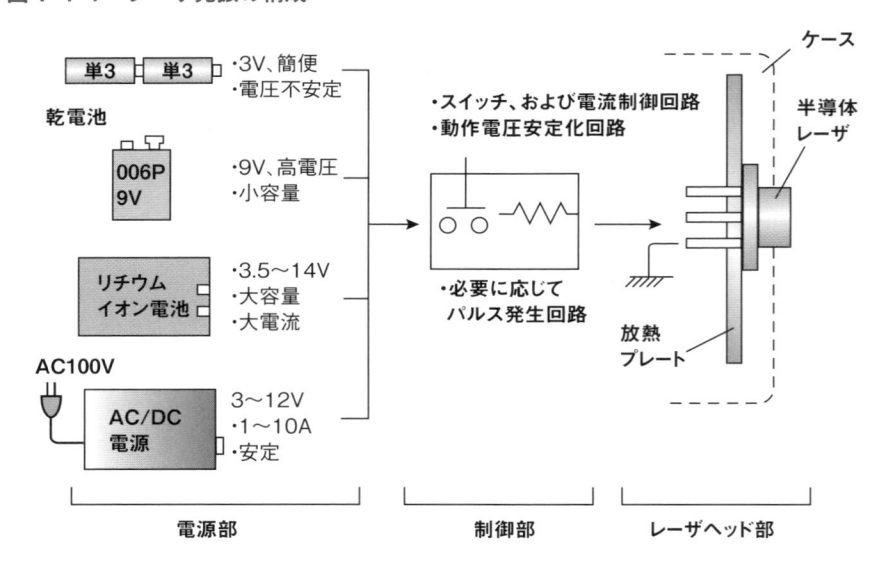

電源部	制御部	レーザヘッド部
乾電池 単3 単3：3V、簡便・電圧不安定 006P 9V：9V、高電圧・小容量 リチウムイオン電池：3.5〜14V・大容量・大電流 AC100V → AC/DC電源：3〜12V・1〜10A・安定	・スイッチ、および電流制御回路 ・動作電圧安定化回路 ・必要に応じてパルス発生回路	ケース、半導体レーザ、放熱プレート

　図 7-1-1 に半導体レーザ発振に必要な構成を示します。その中で電源は図に示したものが使われます。携行装置などでは乾電池の使用が一般的です。単三、単四乾電池や、006P などの積層 9V の乾電池が使用されます。これ

らの電源は、連続使用で数時間〜数十時間の寿命となります。乾電池は、電圧が使用条件により刻々と変わり、電池寿命もそれほど長くはありません。レーザ機器の安定した使用には、機器側に安定化電源回路を設ける必要があります。リチウムイオン電池は、ノートパソコンで一般的となりました。電源電圧が高く、容量も大きいのでパワー半導体レーザの使用に向いています。長時間の使用ではAC100V電源から直流電圧を作るAC/DC電源を使います。

　半導体レーザの制御部は、レーザの発振をコントロールするもので、スイッチと電流制御回路から構成されます。必要に応じてパルス発振を行うための回路が付加されます。

●静電気に注意する

　半導体レーザ素子をじかに手で触れる場合、人体に帯電している静電気で半導体レーザ素子が破壊されるおそれがあります。冬の乾燥した環境ではドアの取っ手に触れると強い放電が起きることを経験したことがあると思いますが、人体には50Vからときには数千Vの静電気が帯電していることがあります。電気量は少ないとはいえ、このような高電圧に対して半導体素子で

図 7-1-2　静電気対策

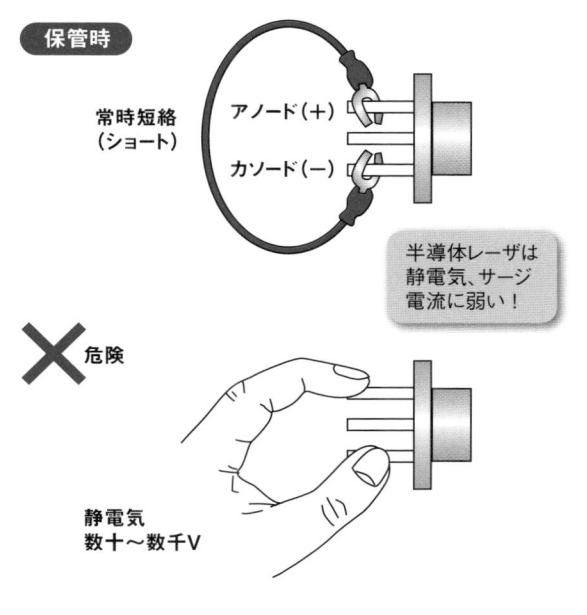

保管時
常時短絡（ショート）
アノード(+)
カソード(−)

半導体レーザは静電気、サージ電流に弱い！

✕ 危険

静電気
数十〜数千V

ある半導体レーザはとてもデリケートで、ときとして素子を破壊してしまうことがあります。半導体レーザは動作する電圧が数Vと低いため、数百ボルトを越える静電気の電圧には構造的に耐えられないのです。十数Vでも損傷することがあります。

同じ仲間の発光ダイオードは、素子内部にそうした静電気や逆電流防止のための保護回路が入ったものが多くあります。半導体レーザにはそうした保護回路が内蔵されたものはないので、使用者がそうした知識を十分に把握して使用しなければなりません。

高価な（出力の高い）半導体レーザ素子では、出荷時や保管時に素子の端子間をショートした短絡バーが装備されていてサージ電流が流れないようになっています。

素子を扱うときは、人体に静電気がたまっていないことを確認してから素子のショートバーを外し、接続作業を行います。作業者は、以下の静電気対策を行って半導体レーザ素子の取り付けを行います。

- 静電気除去用衣服を着る
- 静電気防止用靴を履く
- 静電気除去用リストバンドをつける

図7-1-3　静電気対策グッズの例

●素子の冷却に注意する

　半導体素子の宿命ともいえるのが、素子の発熱と放熱対策です。別の項でも何度か放熱に対する配慮を述べてきました。半導体レーザは効率のよい発光素子であるとはいえ、消費電力の 50 ～ 80％が熱に変わり、その熱が小さい半導体素子の中から発熱しています。この熱を速やかに逃がす工夫をしないと素子は自らの熱によって重大な障害を引き起こすことになります。特にパワーレーザにおいては、冷却循環水による水冷が必要な場合があります。

　以下に、半導体レーザに使用されている冷却の方法を5つ示しました（図 7-1-4 参照）。

①アルミ放熱板を付ける

　最も簡単な冷却の方法は、半導体レーザ素子に面積の広い放熱板を取り付けることです。多くの場合、熱伝達特性のよいアルミ板が使用されています。半導体レーザそのものも、メタル缶やメタルブロックでレーザ素子を作って、

図 7-1-4　半導体レーザ素子の冷却

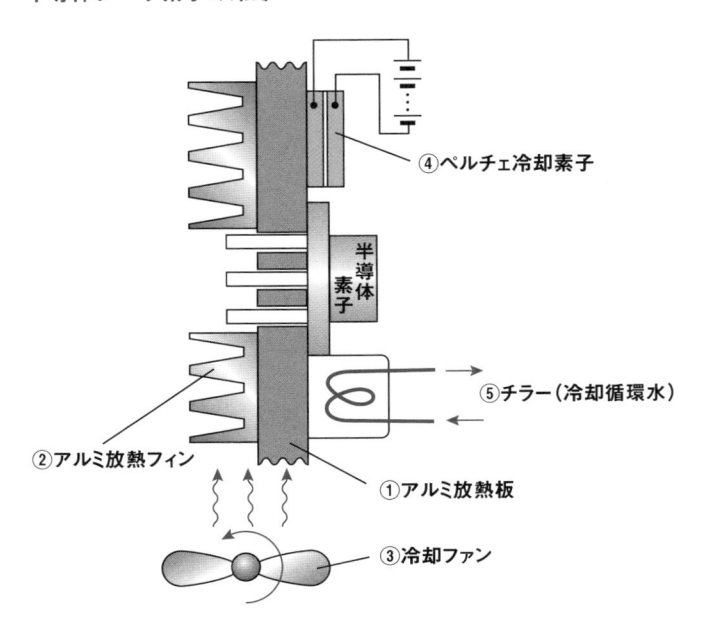

放熱効果を高めています。使用条件や高温になる使用環境ではアルミ放熱板をつける必要があります。

②アルミ放熱フィンを付ける

アルミ放熱板では放熱が不十分な場合、放熱面積のより大きな放熱フィンを取り付けます。放熱フィンはパワートランジスタやパワーLED（発光ダイオード）にも見られる放熱処理のひとつです。

③冷却ファンを付ける

放熱部に強制的に風を送り、熱を逃がす方法です。熱のこもりやすいシャシー内ではこうした処置が施されます。

④ペルチェ素子を取り付ける

冷却ファンでは十分に放熱が取り切れない場合は、電子冷却による冷却が行われます。ペルチェ素子と呼ばれる板を放熱板に取り付け、電気を流すと熱の移動が起こり温度の低い部位と高い部位が生じます。この原理を利用して発熱部の熱を移動させます。ペルチェ素子では、熱電対を併用して放熱部の温度を管理しながらペルチェ素子に電気を送り温度を一定にするものもあります。

⑤チラー設備をおこなう

電子冷却でも十分な放熱ができない場合、冷却水を循環させて放熱を行います。50Wを越えるようなパワー半導体レーザ素子では、素子内部に冷却配管が設けられていて冷却水を循環できるようになっています。

冷却水は、水アカがたまらないように純水を使います。冷却装置は、別途、チラー（chiller：冷却装置）を用意して半導体レーザから熱で上昇した冷却水を冷やして再びレーザに送って冷却を施します。

7-2 レーザ光を拡げる・集光させる

　半導体レーザ光は、通常の光と同じ属性を多く持っているので、可視光と近赤外領域のレーザでは通常の光学素子(ミラーやレンズ、プリズム)などが使えます。レーザ光であることから直進性がよく平行光でもあるので、光軸上でのレンズ設計を行いやすいのが特徴です。また、波長の狭い単色発光なので、レンズによる色収差が出ないのも大きな特徴です。

　半導体レーザは、数μm〜100μm程度の活性層面から光が一定の拡がりを持って放出されています。したがってレーザの射出位置をレンズの前焦点におけば、レーザ光は平行光となって進みます。平行光を集光させるには、球面レンズを用いれば一点に集光させることができます。

図7-2-1　レーザ光の拡散・集光

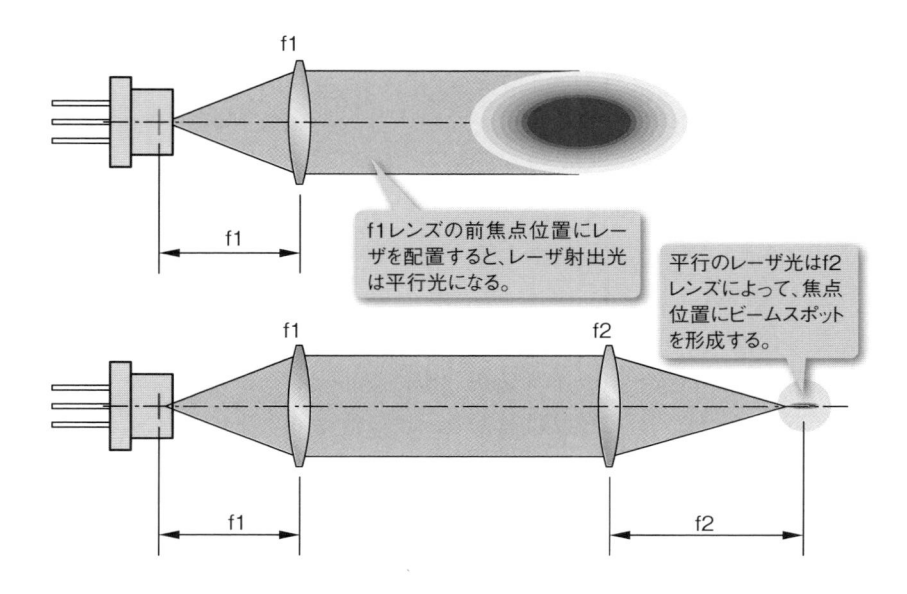

f1レンズの前焦点位置にレーザを配置すると、レーザ射出光は平行光になる。

平行のレーザ光はf2レンズによって、焦点位置にビームスポットを形成する。

7-3 レーザ光を走査させる

●ガルバノミラーとポリゴンミラー

　レーザプリンタなどに見られるように、レーザビームを回転ミラーなどによって高速に振らせる応用が多くあります。ビーム光を走査する最も簡単な方法はミラーの回転です。ミラー方式ではガルバノミラーが使われます。この装置は、ミラー回転のレスポンスのよいもので数KHzの応答でミラーを振らせることができます。このミラーは、レーザ光を使ったディスプレイ装置に使われ、レーザ光による一筆書きやリサージュ図を描くのに使われます。

　ガルバノミラーは高速ステッピングモータで駆動されるものの、ミラー部とモータの質量があり高速応答には限界があります。より高速でレーザビームを走査する目的には多面体ミラーを高速回転するポリゴンミラーが使われます。レーザプリンタの心臓部には、半導体レーザとともにポリゴンミラーが重要な働きをしています。レーザプリンタが印刷速度と印字品質を上げるのに伴って、ポリゴンミラーの回転数も上がり50,000rpm（833.3回転/秒）の回転数になっています。

●AOM

　ポリゴンミラーが一方向の走査しかできないのに対し、任意の走査を高速で行う素子がAOM（Acoust - Optic Modulator）です。AOMは、二酸化テルルやヒ化ガリウム、水晶などの結晶に80MHz程度の超音波を与え結晶中に規則的な屈折構造を形成させ回折作用によってレーザビームの入射光を走査させるものです。その応答性は数MHzで光通信分野やQスイッチ素子として使われています。

　こうしたミラーや光変調素子は、上記のようにそれぞれの特徴があるので、目的に応じて機器に組み込まれて使われています。

図 7-3-1 レーザ光の走査

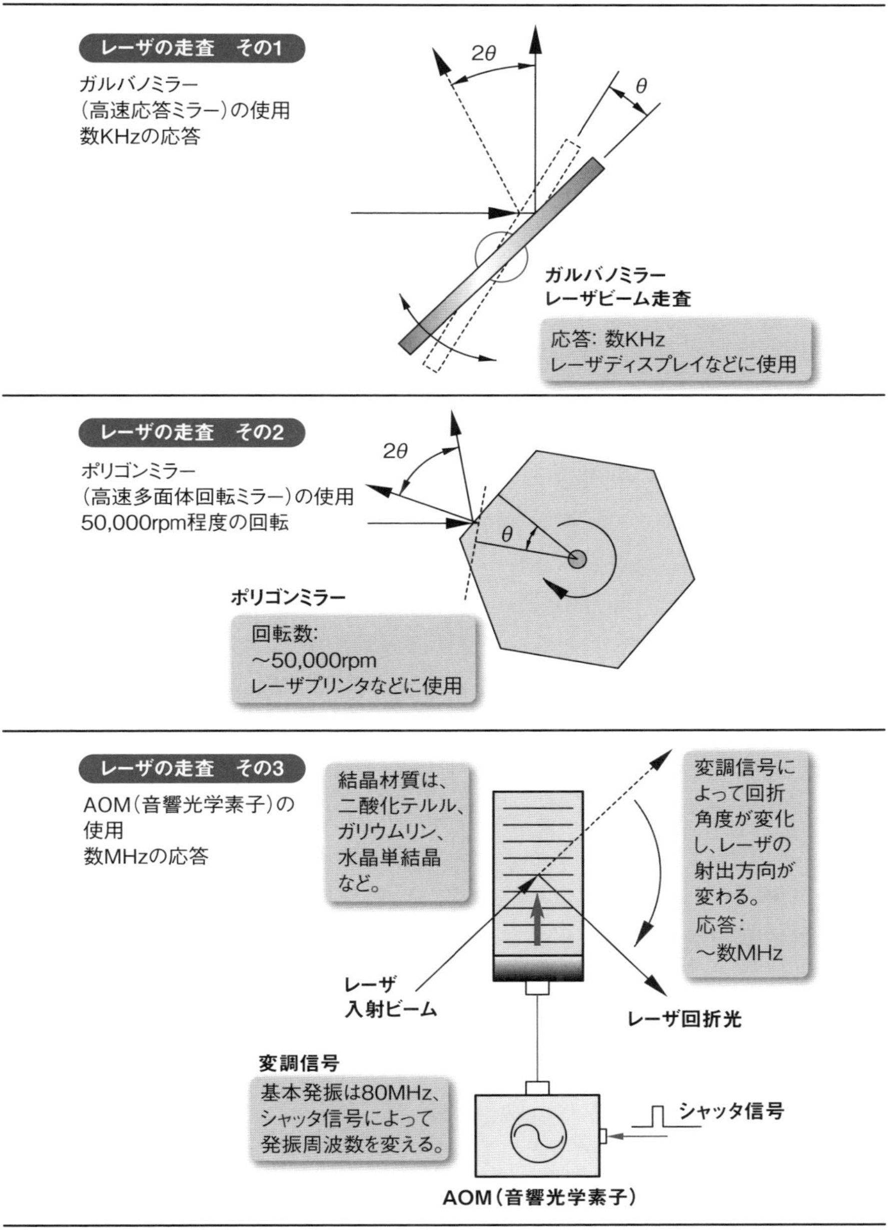

レーザの走査 その1

ガルバノミラー
(高速応答ミラー)の使用
数KHzの応答

ガルバノミラー
レーザビーム走査

応答: 数KHz
レーザディスプレイなどに使用

レーザの走査 その2

ポリゴンミラー
(高速多面体回転ミラー)の使用
50,000rpm程度の回転

ポリゴンミラー

回転数:
～50,000rpm
レーザプリンタなどに使用

レーザの走査 その3

AOM(音響光学素子)の使用
数MHzの応答

結晶材質は、二酸化テルル、ガリウムリン、水晶単結晶など。

変調信号によって回折角度が変化し、レーザの射出方向が変わる。
応答:
～数MHz

レーザ入射ビーム

レーザ回折光

変調信号
基本発振は80MHz、シャッタ信号によって発振周波数を変える。

シャッタ信号

AOM(音響光学素子)

7・半導体レーザを使う

7-4 レーザ光をファイバで導く

半導体レーザでは、光ファイバで導いて使う応用が少なからずみられます。

図7-4-1 光ファイバへの接続

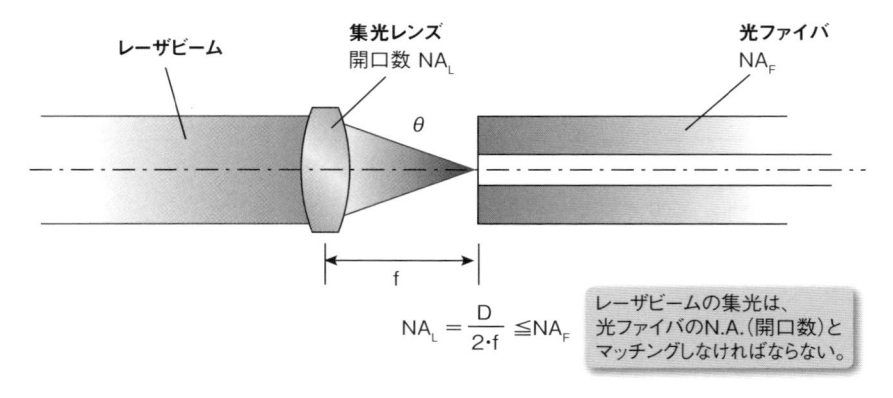

$$\mathrm{NA_L} = \frac{D}{2 \cdot f} \leq \mathrm{NA_F}$$

> レーザビームの集光は、光ファイバのN.A.（開口数）とマッチングしなければならない。

光ファイバは、その特性上レーザビームを入射させる角度（θ）に制限があってθの角度が大きいものは光ファイバ内部を伝わりません。入射角度（θ）は、光ファイバの開口数（N.A.）で特定されています（139ページ参照）。使用する光ファイバのN.A.に合わせて、レーザビーム光を絞り込んでファイバに入射させます。このとき、レーザ光を絞り込むのに集光レンズを使いますが、集光レンズと光ファイバの開口数を合わせます。

レンズの開口数（$\mathrm{NA_L}$）と光ファイバの開口数（$\mathrm{NA_F}$）には以下の関係があります。

$$\mathrm{NA_L} = \frac{D}{2 \cdot f} \leq \mathrm{NA_F}$$

　　$\mathrm{NA_L}$：集光レンズの開口数
　　　D　：集光レンズの口径
　　　f　：集光レンズの焦点距離
　　$\mathrm{NA_F}$：光ファイバの開口数

レンズの開口数と光ファイバの開口数には、今述べた関係が成り立ちますが、光ファイバの開口数は、図7-4-2に示すように光ファイバ内部で光が伝わっていく全反射角から求まります。この全反射角に合わせてレンズ入射角が決まります。

　光ファイバの全反射角は、当然のことながら使用するファイバの材質によって異なります。光データ通信用のファイバは、全反射角を広くして余分な光を入れないようにしています。必然的に光ファイバのN.A.は小さくなります。全反射角が小さくN.A.が大きいとたくさんの光がファイバに入り、ファイバ内での光の進み方がたくさんできて、光路長が異なるデータが送られることになり選択分離が大変になります。N.A.の小さい光ファイバをシングルモードファイバといっています（詳細は140ページ参照）。

　半導体レーザに使われる光ファイバは、その応用が光通信がほとんどであるので、長距離にわたる通信で光減衰の少ないものが求められました。石英は紫外から赤外部まで透過がよいため光通信用の光ファイバには石英を使ったものが使われます。使用波長は850〜1,700nmです。石英を用いた光ファイバは1,500nm付近での光伝達ロスが最も少ないために、この波長を中心に光ファイバと半導体レーザの開発が行われました。

図7-4-2　光ファイバ内部の屈折

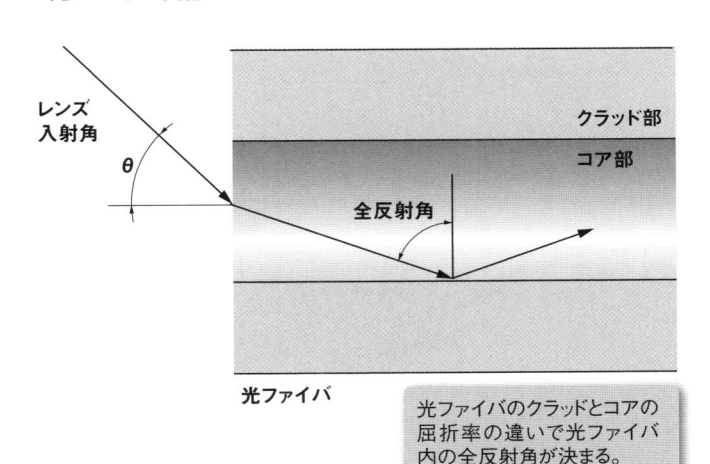

> 光ファイバのクラッドとコアの屈折率の違いで光ファイバ内の全反射角が決まる。
> ファイバ内の減衰が最も少ないのは、石英。

7-5 レーザストロボとして使う

　半導体レーザの特徴のひとつに、短時間発光（パルス発光）ができることが挙げられます。パルス発光は、発光ダイオードでもその能力を持っていますが、半導体レーザはその能力よりもはるかに短いパルス発光を行うことが可能です。この性能のおかげで半導体レーザは、光通信ではなくてはならない発振源となっています。

　半導体レーザでなぜこのような高速応答の光変調（ストロボ発光）ができるのかというと、半導体レーザには、ある電流値を超えないとレーザ発振しない特徴があるからです。このレーザ発振を始める電流値を閾（しきい）値電流といいます。高周波発振を行う場合には、レーザに流す電流をレーザ発振が始まる閾値電流よりわずかに少ない電流値で待機させ、発振を行いたい時に閾値電流を越えればレーザ発振を行うことができます。このようにして半導体レーザではGHz帯域の変調が可能になっています（108ページ参照）。

図7-5-1　レーザストロボを使った画像計測システム

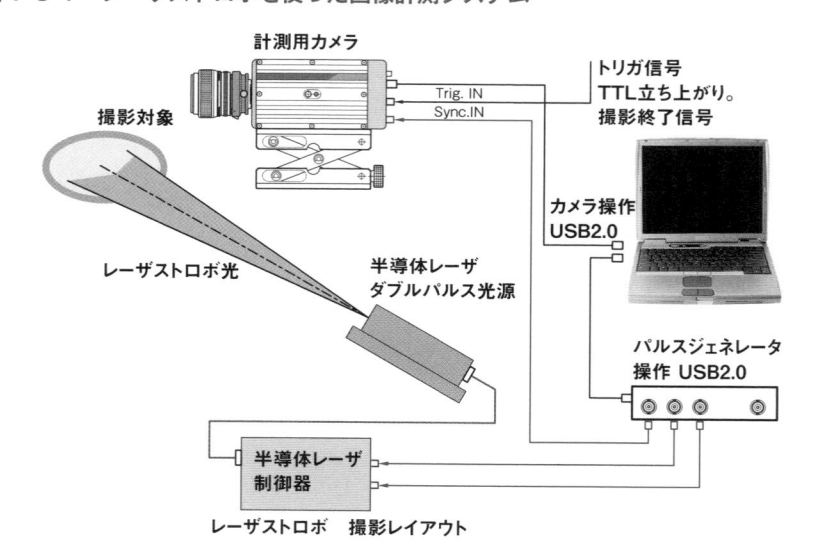

こうした特徴を利用して、半導体レーザは光通信のみならず、学術用の計測カメラと同期して使うストロボ光源として利用されています。

図7-5-1に半導体レーザをストロボ光として使ったシステムレイアウトの例を示します。

●パルス信号で発振タイミングを制御

半導体レーザは、外部の電気信号（同期信号）に追随して短時間発光を行います。レーザのストロボ発光は、計測カメラの撮影タイミングに合わせて発光させる関係上、計測カメラとレーザの発光タイミングをとる必要があります。この目的に、タイミングパルスジェネレータと呼ばれる同期信号発生装置を使い、カメラと半導体レーザに撮影と発光のタイミング信号を送ります。同期信号は、多くの場合、TTL（Transistor-Transistor Logic）準拠信号が使われます。これは、0～5Vのパルス信号です。

計測カメラは、通常のビデオ撮影で1秒間に30枚の画像を得ることができます。それよりも高速で撮影するカメラを高速度カメラと呼んでいて、1秒間に1,000～10,000枚（1,000～10,000コマ/秒）程度の撮影ができます。計測カメラには、通常電子シャッタが内蔵されていて、撮影毎に、1/1,000～1/100,000秒の露出が切れるようになっています。しかし、カメラの電子シャッタを使う場合には撮影対象物に相当量の照明光を与えなければなりません。レーザストロボは、レーザ光自体が短時間発光をしているので、撮影対象物の周囲を暗くしておけば、電子シャッタを働かせるのと同じ働きを持つのでストロボ撮影が可能となります。

レーザストロボは、1/1,000,000秒（1μs）～連続発光まで同期信号に合わせて発光ができます。また、発光の繰り返し（発光周波数）も計測カメラの撮影速度（10,000コマ/秒）に十分追随します。

半導体レーザをレーザストロボとして使う場合の問題点を挙げると、光量の大きい半導体レーザは赤外に限られるので、可視光でのストロボ撮影ができないことです。また、レーザ光は単色光なのでカラー撮影ができません。このほか、レーザ光の特徴であるコヒーレント性のため光に干渉縞のスペックルが現れてしまいます。これに対しては、図7-9-3（180ページ）で示したような装置を使うことにより干渉縞を除去した光源とすることができます。

7-6 半導体レーザを使ったシステム ①
変位計・距離センサ

　半導体レーザを使った変位計と距離センサの紹介をします。変位計は、光を物体に当ててその反射の角度から奥行き方向の距離を求めるものです。光源としての半導体レーザは、直進性のよさと指向性のよさ、そして単一波長の利点が生かされてコンパクトで性能のよいものが作られています。

　こうした装置は、微小物体の非接触計測、つまりシリコンウェハなどのディスク表面の粗さや樹脂モール製品の高さ測定、透明フィルムの厚さ測定に使われています。

　レーザ変位・距離センサの原理図を図7-6-1と図7-6-2に示します。これらのものは、測定距離の比較的短い応用に使われていてミクロン単位の計測を行います。

　このタイプは、共焦点タイプと三角測距方式に分かれます。両者の大きな違いは、前者がポイント受光素子で位置を測るのに対し、後者はアレイ状の受光素子（CCD素子）を使って位置を割り出すものです。以下、それぞれの原理と特徴を説明します。

図7-6-1　共焦点タイプの変位計の原理

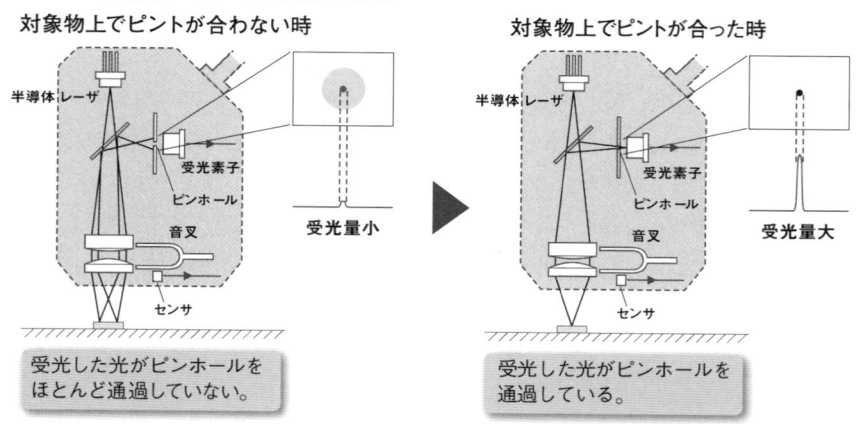

対象物上でピントが合わない時　／　対象物上でピントが合った時

半導体レーザ、受光素子、ピンホール、音叉、センサ、受光量小／受光量大

受光した光がピンホールをほとんど通過していない。／受光した光がピンホールを通過している。

出典：株式会社キーエンスホームページ

●共焦点タイプの変位計

　共焦点タイプの変位計は、レーザ光源をコリメータレンズを通して物体に照射し、物体面のフォーカスしたレーザ光源の位置をコリメータレンズの位置で特定するというものです。コリメータレンズを上下に動かすことにより対象物にフォーカスするビーム形状が変わり、ベストフォーカスの位置を求めることができます。その位置合わせに音叉を用いてコリメータレンズを微妙に上下させ、そのレンズ位置を検出しながら受光素子でビームのベストフォーカスを求めます。この手法によって割り出される測定精度は0.1〜0.01μmです。非常に微小な変位を計測できる反面、測定レンジに制約があり、0.3〜1mm程度の範囲を6〜30mm程度の距離から測定を行います。

　使用する光源は、650nmの赤色半導体レーザで、出力は200μW程度のものが使われています。この半導体レーザを2μm（2/1,000 mm）のビームスポットで対象物に照射させ、その反射光を受光素子で受けてビームスポットが最小になる位置を特定します。

　光源に青色半導体レーザを使ったものもあります。408nm波長の半導体レーザを使うことによりビームスポットを赤色半導体レーザの2μmから0.9μmまで絞り込むことができ、これにより測定分解能も1桁向上した0.01μmまで計測できるようになります。ただ、青色レーザを使う場合は測定距離が1mmと短くなり、測定範囲も0.1mmと狭いものになります。

●三角測距方式の変位計

　このタイプのものは、受光素子にCCD（もしくはCMOS）リニアアレイセンサを用いて、対象物にレーザ光源を照射した反射光のズレを測定して高さを求めるものです。半導体レーザ光源は対象物に鉛直方向から照射し、あらかじめ決められた角度に設置したアレイセンサで反射光を受けるものです。反射光は、高さ方向に応じてアレイセンサの配列方向にシフトするので、シフトした量を測定して三角測距計算により高さ方向の量を求めます。

　このタイプの変位計は、測定距離が比較的長く取ることができ測定範囲も広いのが特徴です。測定距離50mmのものは、その距離を中心に±10mm幅、総合20mmの測定範囲を持ち、精度0.025μmで測定することができます。

広い範囲を高精度で測定できるのは魅力です。

　タイプによって測定範囲を狭くして精度を上げるタイプのもの（20mm ± 3mm@0.02μm）から測定範囲を広くするタイプ（150mm ± 40mm@0.25μm）ものまであります。測定範囲が広いことは測定作業がしやすくなり、一度の設定で多くの測定ができるようになります。

● Keyence　LK-G シリーズ

　三角測距に基づいた製品を紹介します。キーエンス社のLK-G5000シリーズにあるLK-H050と呼ばれるレーザ検出器は、微細測定タイプのレーザ変位計で50mmの測定距離で±10mmの変位を測定できるものです。使用している半導体レーザは、赤色650nmの4.8mWのもので、対象物にϕ50μmのビームスポットを結ばせます。このビームスポットの反射をリニアセンサが受光し、0.025μmの精度で変位を求めています。装置の大きさは、約70mm × 70mm × 34mm、260gのコンパクトさで測定ワークに取り付け移動させながら10Hzで測定を行うことができます。

図 7-6-2　三角測距方式の変位計の原理

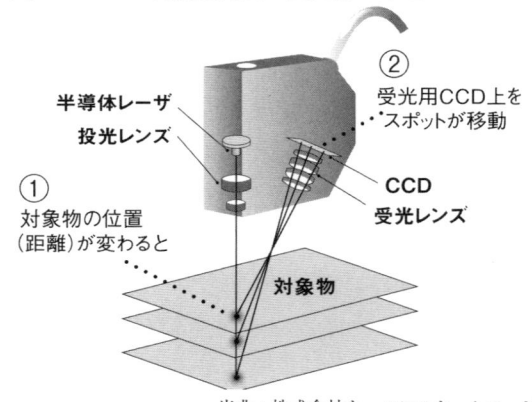

出典：株式会社キーエンスホームページ

図 7-6-3.　Keyence LK-G5000 シリーズ

写真提供：株式会社キーエンス

7-7 半導体レーザを使ったシステム ②
位置合わせレーザ

　水平などの位置出しを行う場合に、直進性のよいレーザを使うことがよくあります。ケガキ用のレーザは、レーザが発明されたときから応用のひとつとして使われてきました。「ケガキ」とは、大工用語では「墨入れ」と称し、木材を切るときの下線として使っています。機械加工では寸法の位置合わせに下線を引くことをケガキを入れる、と呼んでいます。半導体レーザによるケガキ用レーザは、持ち運びに便利なことや使い勝手がよいことからコンパクトな使用目的に使われます。

　一例として挙げた製品は、φ19mm×88mmの長さを持つ円筒状のレーザ装置で、端面からケガキ用のレーザビームが出力します。レーザの出力は35mWが最大で、必要に応じて本体にある光量調節用のボリュームノブで出力調整できるようになっています。発光波長は660nmの赤色です。ビームは鏡筒から±30°（60°）で拡がります。

　ビームの太さは、投射距離が長くなるほど太くなり、近距離（60mm）で約0.06mm（60μm）、遠距離（1,500mm）で約0.5mmとなっています。ビームの拡がり幅（ビームラインとしての長さ）は、60°で拡がるので、投影距離の1.15倍がビームラインの長さとなります。

　これらの製品には半導体レーザに加えてレーザ光をライン状にするための光学部品が組み込まれています。その光学部品は、半導体レーザの出力ビーム特性に合わせて均質なラインビームを作り出すもので、シリンドリカルレンズを主要コンポーネントに使っています。

図7-7-1　ケガキ用レーザ
　　　　　マシンビジョンレーザ

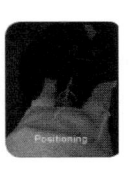

写真提供：Global Laser 社　Lyte-MV-Excel

7-8 半導体レーザを使ったシステム ③
物体測定／検知センサ

　物体を検知するセンサとしてレーザを用いた光検出が一般的になりつつあります。半導体レーザを利用した物体検知センサはコンパクトで取扱いが容易なことから、広い範囲で使われています。ここで紹介するセンサは、単に物体を検知するだけでなく物体の大きさや位置まで計測するものです。

図 7-8-1　物体測定センサの原理

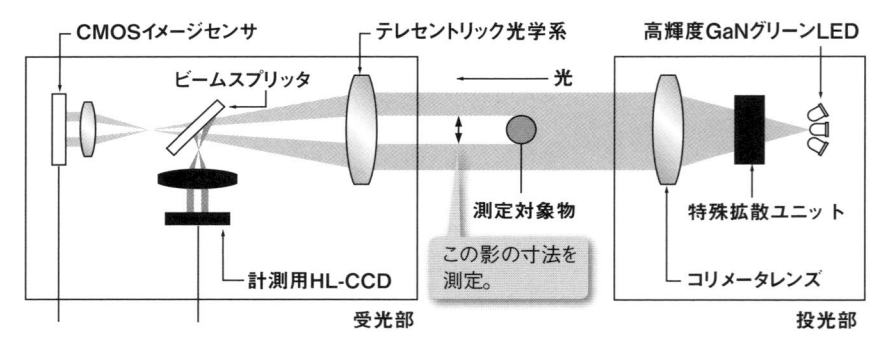

出典：株式会社キーエンスホームページ

●物体測定センサ

　図7-8-1に基本的な原理図を示します。図では光源に発光ダイオードを用いますが、これを半導体レーザに置き換え物体を透過光によって形状を測定する装置もあります。半導体レーザのほうが光線を精度よく作れるので測定精度が上がります。

　この装置は、光源部が薄膜状の平行光で作られていて（光のカーテンのような膜状の光、ライトシートとも呼ばれる）、受光部のCCD（もしくはCMOS）アレイセンサに入射するようになっています。計測する物体が平行光線を遮るとアレイセンサ部に光が届かなくなり、物体の影像をアレイセンサが認識して寸法を計測するしくみになっています。

この装置（参考製品：キーエンス社 VG-035）に使われる半導体レーザは、670nm の赤色レーザで出力が 50μW です。出力としては非常に小さいものです。この装置の場合、受光センサにレーザをダイレクトに入れるため大きい光出力の必要がありません。それよりもきれいな平行光を作ることが大切な要素となります。

　測定できる幅は 35mm です。光源部と受光部の距離は 300mm 程度まで離すことができます。距離を長くとると、光源部の平行光の精度によっては十分な計測精度が出なくなります。キーエンス社の VG-035 では、装置距離を 100mm として、計測物体を中央の 50mm に置いたとき、その精度は 0.5mm となります。装置には 5,000 ビットの CCD アレイが使われ 700Hz 程度の繰り返しでデータを読み出すことができます。

●物体検知センサ

　物体が通過するのを検知するセンサが物体検知センサです。光源に半導体レーザを使い、レーザ光が入射されるか遮断されるかを検知して電気信号を出力するものです。レーザの持つ直進性が生かされ離れた位置から物体を検知することができ、赤外線レーザを使えば肉眼で意識されずに検出を行うことができます。半導体レーザを使った市販の製品では、およそ 1m から 30m 程度の距離で物体検知を行うことができます。

図 7-8-2　物体検知センサの応用

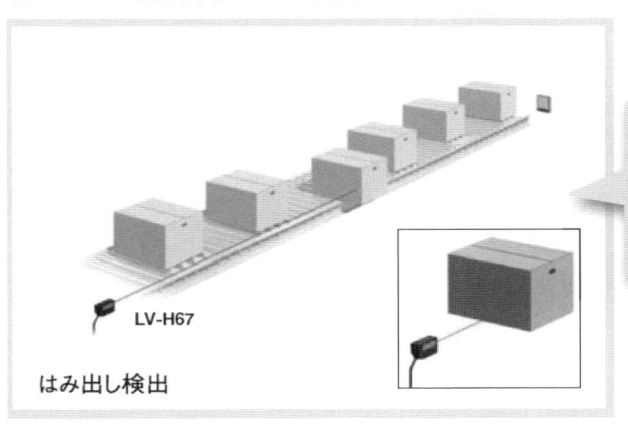

荷物のはみ出し検出用に半導体レーザを使った物体検知センサが使われている。半導体レーザセンサは、センサ位置を遠く離してセッティングできる利点がある。

LV-H67
はみ出し検出

出典：株式会社キーエンスホームページ

7-9 半導体レーザを使ったシステム ④
熱源装置／照明用アクセサリ

●熱源装置

　微細な部位の熱加工を行う際に、赤外線発振の半導体レーザはよく使われています。数十ミクロンの微小部位に 10 ～ 100W の赤外エネルギー（熱）を与えることができるので、樹脂の溶着や切断、固体レーザの励起光源として利用されています。大出力半導体レーザは、現在のところ赤外領域に限られています。可視光領域で大出力のものが開発されればいろいろな用途が開けますが、出力 10 W 以上の大出力のものとなると半導体素子の関係上まだ困難です。半導体レーザの大出力化は素子をバー状に構成してそれを光学系を使ってひとつのビームに集めるという手法が一般的です。

　参考に示した半導体レーザ（ドイツ LIMO 社製）は、光ファイバを使った出力を特徴としたものです。レーザは、54mm(W) × 35mm(H) × 85mm(D) の直方体形状で、808nm の赤外発振を行い、400μm のファイバから 30 W の出力を取り出します。

図 7-9-1　熱源用半導体レーザ　LIMO

写真提供：株式会社ハナムラオプティクス

この半導体レーザは、2VDC の電圧で 55A の電流を消費します。電力としては 110W の消費電力となります。110W の消費電力で 30W のレーザ出力が得られますので、効率は 27.3% となります。変換効率としては優秀な数値です。また、この小さい直方体の塊に 80W（=110W − 30W）の電力を消費します。この電力は熱に変わりますので、装置は相当に発熱します。したがって、半導体レーザには十分な冷却装置を付けないと自らの熱で破損することになります。

図 7-9-2　赤外半導体レーザに光ファイバを取り付けた光源装置

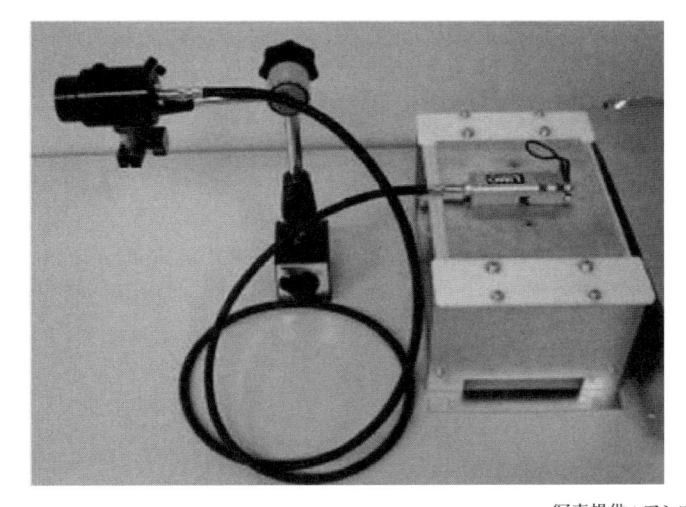

写真提供：アンフィ有限会社

　図 7-9-2 に示した熱源ファイバ装置の半導体レーザには、素子を冷却させるペルチェ素子に取り付けられていて、自らの発熱で高温になる素子を冷やしています。この装置は専用の光ファイバで取り出して先端の集光光学系に導き、必要な距離から必要なビームスポット径で照射できるようになっています。ただし、ファイバの径が 400μm ですので、最も効率のよい最小のビームスポット径は 400μm となります。

●照明用アクセサリ

　レーザ光をカメラでの撮影の照明光源として使う場合、レーザの持つ特有のスペックルで自然な撮影ができないことがあります。スペックルは、コヒーレント光（位相の揃った光）によるレーザ特有の現象で一種の干渉縞です。図 7-9-4 に示したスケールを撮影したサンプル画像の右の写真がレーザ光を照射した撮影です。こうしたコヒーレント光の特性を除去する装置（スペックルキラー、図 7-9-3）を使うことにより、スペックルノイズを抑えて発光ダイオード光のような単色の自然光を作り出すことができます。図 7-9-4 の

図 7-9-3　スペックルキラー　ナノフォトン社製 SK-11

写真提供：ナノフォトン株式会社

図 7-9-4　スペックルキラーを用いたレーザ照明光撮影

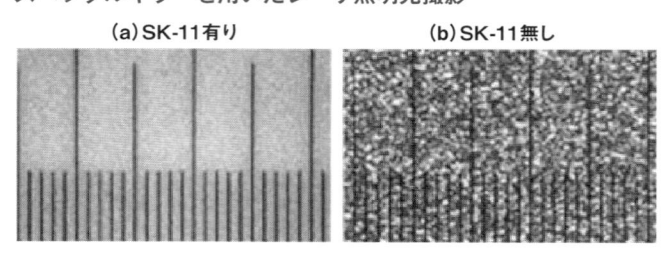

(a) SK-11有り　　　(b) SK-11無し

スケール（もの差し）の撮影。右はスペックルの多いレーザ光、左は処理を施したレーザ光

資料提供：ナノフォトン株式会社

左の写真がスペックルキラー装置を使ったものです。

スペックルキラーは、装置が多数の光ファイバでできていて、このファイバによってレーザのスペックルを除去しています。入力部はφ5mmのファイバ端面になっているので、この大きさに入力レーザを拡げて入れ込みます。レーザ光をそのまま入れるとレーザによっては端面を焼くことがあるので拡げる必要があります。

装置の入力端面は可視光用のファイバを使っているので、使用できるレーザ光の波長は450～1,400nmです。紫外光や赤外光を使いたい場合は石英ファイバのものを使います。この装置に使われているファイバの開口数（N.A.）は0.56（入射半角約30°）なので、この条件でレーザ光を入れる必要があります。

半導体レーザに限らずレーザ光を撮影目的に使う場合、レーザのコヒーレント光がとてもジャマになることがあります。位相の揃った光の応用は、とても有効な働きがあるものの、レーザ光を自然光として使いたい場合はこうした補助装置を使う必要があります。

スペックルキラーは、顕微鏡写真でレーザを使う場合に威力を発揮します。

Column
スペックルとは

スペックルという言葉は、英語のspeckleからきています。そもそもの意味は、表面にあるたくさんできた斑点のことをいいます。

レーザ光を物体に当てると自然光とは全く異なる光の陰影を作ります。レーザ光によってざらつくような、あるいは光がツブツブとなったムラのような照射となります。

こうした現象は、位相の揃った光が通過していく媒質の不均質な場で乱されたり、微小物体やチリなどで散乱したり、または、照射される表面の微小な凹凸で波面が乱されて干渉が起きるものです。

要するに位相の揃った光が何らかの原因で壊れて塊に別れ、それが相互に影響しあってまた細かい塊になっていくというものです。それであるならば、強制的にもっと細かくスペックルの塊を砕いてやれば見た目やカメラにわからなくなるだろう、という発想で作られたのが、180ページのスペックルキラーです。

7-10 半導体レーザを使ったシステム ⑤
光通信装置

　通信に光が使われるようになって久しくなります。レーザの発明、特に半導体レーザが安定して供給されるようになる1980年代から光通信が急速に普及するようになりました。光通信は大きな拡がりを持ち、半導体レーザの開発は光ファイバの特性に合った赤外領域の素子が開発されていきました。

●光通信モジュール

　参考例として紹介するOPLINK社の光通信モジュールは、電気信号を光変調信号に変換するモジュールです。このモジュールに電気信号を入れて、これを半導体レーザを使って光信号に変換し長距離離れた場所にデータを転送するものです。

図7-10-1　OPLINK社光伝送モジュール

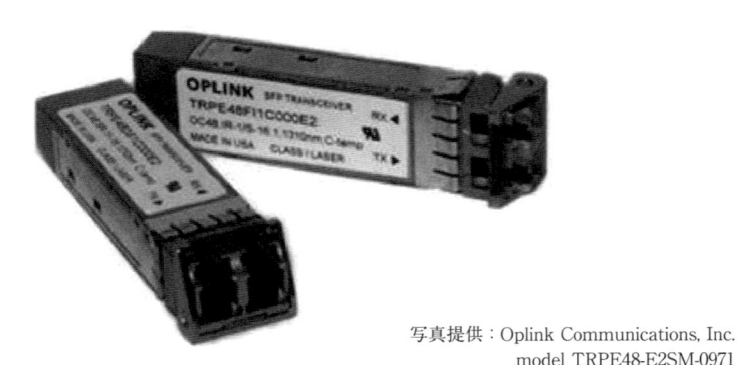

写真提供：Oplink Communications, Inc.
model TRPE48-E2SM-0971

　このモジュールは、光ファイバを使って2.5GB/sのデータを10〜80kmの距離で転送することができます。モジュールには、1,500nmの赤外線半導体レーザが内蔵されていて、電気信号データを光信号に変調して長距離転送を行います。光信号で送られてきたデータは、受信モジュールで受けて再び電気信号に変換します。モジュールの大きさは、約14mm(W) × 12mm(H)

×45mm(D)で、5VDCの電源とツイストペアの差動信号（3.3 V）から光信号に変換します。光ファイバでデータを転送した情報は同様のレシーバで信号を受けて電気信号に変換します。

このように、半導体レーザを使ったデータ通信は長距離高速通信に威力を発揮することができます。

●光ファイバによるイーサネット

イーサネット通信機器にも長距離伝送をする場合には半導体レーザを内蔵した装置が市販されています。ここに紹介する装置は、15〜40kmの距離をイーサネット通信するものです。通常の銅線を用いたイーサネットケーブルは、規格上100m長が最大伝送距離となっています。それ以上のデータ転送ではハブを用いるか光ファイバによる伝送となります。

図 7-10-2　光ファイバ　イーサネット通信器
アライドテレシス社 MMC200 シリーズ

MMC201A/MMC201B
（伝送距離：最大15km）

MMC202A/MMC202B
（伝送距離：最大40km）

写真提供：アライドテレシス株式会社

図 7-10-3　光通信装置配線図

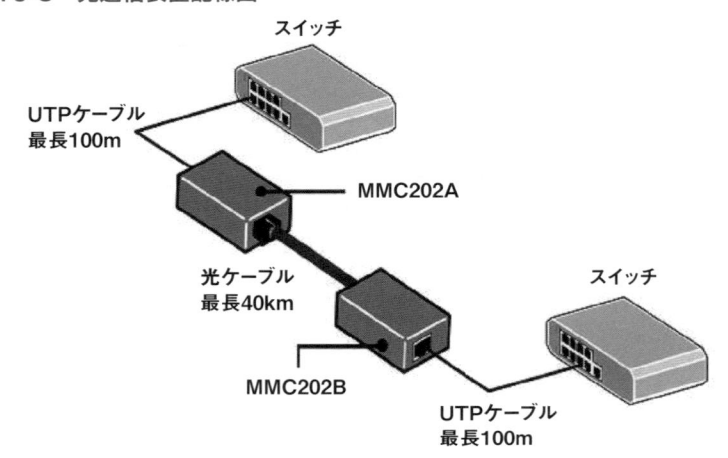

資料提供：アライドテレシス株式会社

　この装置は、100Mbps イーサネット通信を最大 40km まで可能にしており、1本の光ファイバで双方向の通信を行うことができるものです。使用している半導体レーザは、送信側に発振波長 1,310nm のものを使い、受信側に発振波長 1,530nm のものを使っています。2種類の波長を使うことにより混信を防ぎひとつのファイバに乗せて双方向の通信を可能にしています。

　ここに紹介した光通信ケーブルは、イーサネット用のものですが、大規模な通信ネットワークの光ケーブルや、海底ケーブルなどに使われる光ファイバには、これよりも長い通信ケーブルと周波数の高いデータ通信に耐えられるものが使われています。

　2章で説明したファイバレーザ（48 ページ参照）は、光通信のために開発されました。このファイバは、ファイバ自体がレーザのキャビティを形成してレーザ発振を行うので長いファイバ内をレーザ光が進む毎に増幅が行われていくというものです。このファイバを使うと 45km の長さを中継なしで光転送できます。

7-11 半導体レーザを使ったシステム ⑥
特殊撮影光源

撮影用光源として半導体レーザを用いることがあります。ここに紹介するレーザライトシート装置は、半導体レーザ光をシート状に形成し、気体や流体の流れを断層画像として浮かび上がらせるものです。

図 7-11-1　赤外半導体レーザによるレーザライトシート装置

写真提供：IDT ジャパン株式会社

　レーザライトシートは、レーザの持つ強い輝度とシート状に加工するのが比較的簡単という理由から 1980 年代後半よりアルゴンイオンレーザ（緑色）による装置が市販化され、建築物の模型を使った風の流れの可視化に使われはじめました。1990 年代からは、YAG レーザや銅蒸気レーザを使ったより輝度の高いライトシートが使われました。

　図 7-11-2 は、高輝度パルスレーザシートによって高速噴流の流れ場断面を切り取ったものです。下流域で発生している渦の様子がよくわかります。

　半導体レーザによるレーザライトシート装置は、ほかのレーザに比べて簡便に取り扱え、装置もコンパクトに仕上がるのが大きな特徴です。しかしながら、半導体レーザでは出力がほかのレーザと比べて低く、可視光領域での大出力レーザもなく、またレーザシートの品質（シートの厚さ）もよくない

ため、本格的なレーザライトシート光源としては向上すべき点をいくつか残しています。

図7-11-1に紹介したレーザライトシート装置は、4Wの赤外発光（発振波長：808nm）を行う装置で、外部からのパルス信号により最小10μs（1/100,000秒）までのパルス発光を行います。パルス周波数は50,000Hzまで追随して発振します。

本装置のシート形状は、照射距離200mmでシート幅13mm、膜厚1mmとなっています。レーザライトシートを作るには、図7-11-3に示したようにシリンドリカルレンズを主光学部品として組み合わせて作ります。ライトシートといっても膜厚が薄くなる部位は限られていて、希望する照射位置で最も薄くなるように光学部品を選定します。したがって、ライトシートの照射範囲も限定されたものとなります。

図 7-11-2　レーザライトシート撮影画像

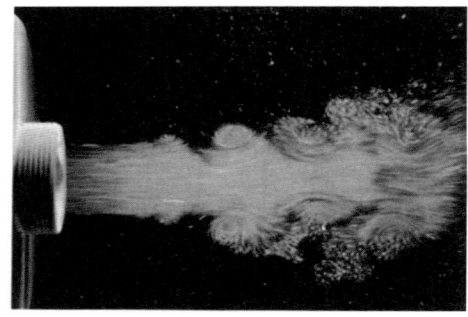

撮影：Prof. Katz - Johns Hopkins University

図 7-11-3　レーザライトシート原理図

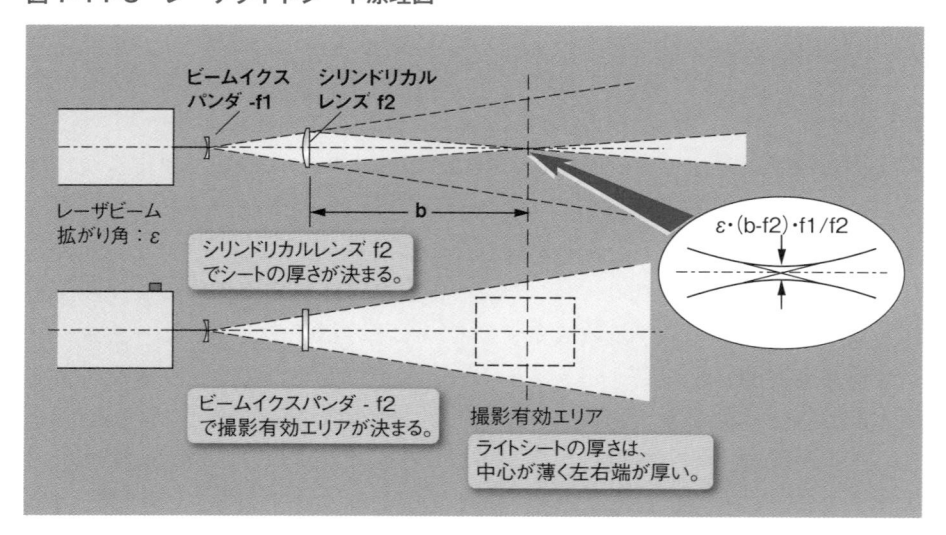

■写真および資料ご提供
- アライドテレシス株式会社
- アンフィ有限会社
- 長田電機工業株式会社
- 株式会社キーエンス
- 株式会社自重堂
- 株式会社シモン
- シャープ株式会社
- ソニー株式会社
- ナノフォトン株式会社
- 株式会社ハナムラオプティクス
- Global Laser
- IDT ジャパン株式会社
- Oplink Communication Inc.
- Oxford Lasers
- Prof. Katz – Johns Hopkins University

■参考文献
【書　籍】
- 『レーザ応用技術』小林春洋、日刊工業新聞社、1969 年 10 月
- 『レーザ基礎の基礎』黒澤宏、オプトロニクス社、1999 年 5 月
- 『わかる　半導体レーザの基礎と応用』平田昭二、CQ 出版社、2001 年 11 月
- 『しくみ図解　発光ダイオードが一番わかる』常深信彦、技術評論社、2010 年 11 月
- 『照明工学(改訂版)』電気学会通信教育会、電気学会、1978 年 9 月
- 『オプト・デバイス応用ノウハウ』谷善平、CQ 出版、2000 年 12 月
- 『光学技術ハンドブック』久保田広、浮田祐吉、會田軍太夫、朝倉書店、1968 年 10 月
- 『よくわかる　半導体レーザ』小沼稔、柴田光義、工学図書株式会社、平成 7 年 4 月
- 『レーザの科学』沓名宗春、日本放送協会、1993 年 12 月
- 『らくらく図解　発光ダイオードのしくみ』安藤幸司、オーム社、2010 年 11 月
- 『しくみ図解　光工学が一番わかる』前田譲治、海老澤賢史、技術評論社、2011 年 3 月
- 『History and Development of Semiconductor Lasers』、V.K.Kononenko,caol.kture.kharkov.ua/contentimages/site/Kononenko.pdf

【WEB サイト】
- 『半導体レーザ – その歴史と人にみるイノベーション - 』伊賀健一
  http://crds.jst.go.jp/output/pdf/06rr01ref2.pdf
- トランジスタの歴史『Early Transistor History at GE』Robert N. Hall、
  http://semiconductormuseum.com/Museum_Index.htm
- 半導体レーザの開発『The Diode Laser – the First Thirty Days Forty Years Ago』Russel D. Dupuis、
  http://www.ieee.org/organizations/pubs/newsletters/leos/feb03/diode.html

用語索引

数字

3準位レーザ …………………… 41,42
4準位レーザ …………………… 41,42

アルファベット

AOM ……………………………… 166
Blu-ray …………………………… 132
CCD ………………………… 172,176
CMOS …………………………… 176
FFP ……………………………… 102
He-Ne レーザ …………………… 19
LED ………………………… 110,114
M^2 ………………………………… 73
Mode …………………………… 140
N.A. →開口数
NFP ……………………………… 102
pn 接合 …………………… 20,112
Q スイッチ …………… 84,101,166
TEM ……………………………… 70
TTL ……………………………… 171
YAG レーザ ………………… 37,43

ア行

アインシュタイン ………………… 28
青色発光ダイオード ……… 26,122
青色半導体レーザ ……… 121,132,135

アラゴ …………………………… 65
アルゴンイオンレーザ …… 39,64,69
アルフェロフ ………………… 22,96
アルミ放熱板 ………………… 163
アルミ放熱フィン …………… 164
アレイセンサ ……………… 173,178
安定共振器 ………………… 59,60
イーサネット通信機器 ……… 183
インコヒーレント光 …………… 15
エキシマレーザ ………… 39,82,89
液体レーザ ……………… 18,39,52
エネルギーギャップ ……… 92,121
エネルギー準位 ………… 33,42,94
エムスクエア …………………… 73

カ行

開口数 ……………………… 138,168
海底ケーブル …………………… 49
ガウス分布 ………………… 70,73
ガスレーザ ………… 16,19,39,40,68
ガーネット石 …………………… 44
ガルバノミラー ……………… 166
カンデラ …………………… 75,76
緩和振動周波数 ……………… 101
キセノンフラッシュランプ … 30,44,85
基本モード …………………… 141
逆方向電圧 …………………… 148

188

キャビティ ……………… 24,58,99,139	ジャバン ………………………… 31
球面鏡………………………… 58,61	集光レンズ …………………… 168
共振器 …………………… 34,58	照度 …………………………… 74,79
共焦点タイプ ………………… 172	ショーロウ …………………… 20
距離センサ …………………… 172	シリンドリカルレンズ ……… 175,186
金属蒸気レーザ ……………… 51,82	シングルモードファイバ …… 140,169
金属レーザ …………………… 18,38	ステップインデックス型 ……… 140
クマリン色素 ………………… 52	ストロボ発光 ………………… 170
クラッド ……………………… 97,139	スペックル ……………… 70,72,181
グレーデッドインデックス型 …… 140	スペックルキラー ……………… 180
ケガキ線……………………… 88,144	スペックルノイズ ……………… 180
ゲルマニア …………………… 139	墨出し ………………………… 144
コア ………… 48,50,138,142,169	静電気………………………… 161
高周波発振 …………………… 101	**タ行**
光束 …………………………… 75,76	
光度 …………………………… 75,76	ダイバージェンス ……………… 44
固体グリーンレーザ …………… 46	タイミングパルスジェネレータ …… 171
固体レーザ …………………… 18,39,41	タウンズ ……………………… 20,29
コヒーレント光 ………… 15,54,180	縦モード ……………………… 68
コリメータレンズ ………87,126,173	ダブルヘテロ構造 ……………… 96
サ行	チラー設備…………………… 164
	定在波………………………… 141
サイラトロン ………………… 101	データシート ………………… 146
三角測距方式………………… 173	電気的光学的特性表 ………… 150
閾値電圧……………………… 92	電子シャッタ ………………… 171
閾値電流……………… 108,151,170	電流制御回路……………… 106,161
ジャイアントパルスレーザ ……… 31	ドアセンサ …………………… 125

動作温度	149		光共振発光理論	29
動作寿命	149		光減衰	90
動作電圧	151,160		光出力モニタ	105
動作電流	151		光増幅	35,36,140
トーマス・ヤング	54		光通信	89,136,138,169,182

ナ行

中村修二	121
入射角	66,139,168
ネオジムYAG	43

光導波	98
光の誘導放出	28
光変調	117
光ファイバ	50,70,99,136,138,140,168,183
光ファイバ通信	136,138,140
比視感度曲線	78
微分効率	153

ハ行

媒質	32,36,64
バソフ	29
波長可変固体レーザ	46
発光効率	80
発光ダイオード	110,112,114
発光点精度	152
発振開始電流	150
発振波長	151
ハーバート・クレーマー	96
パルス回路	108
パルス発光	17,82,108,170
パルスレーザ	82
反転分布	33,97
非安定共振器	61
ビオ	65

ビームダイバージェンス	55,56
ファイバレーザ	39,48
ファブリ・ペローの光学配置	31
不安定共振器	61
フォトダイオード	105,153
フォトン	94
フォノン	94
物体検知センサ	177
物体測定センサ	176
ブリュースター	65
ブリュースター角	66
ブリュースター窓	66
ブルーレイディスク	121,132
プロコロフ	29

用語索引

平面鏡 ……………………………… 58
へき開 ……………………………… 20,100
ヘテロ接合 ………………………… 22,96
ヘリウムネオンレーザ …………… 38,55
ペルチェ素子 ……………………… 155,164
変位計 ……………………………… 173
偏光 ………………………………… 64,66,116
放射角 ……………………………… 152
保存温度 …………………………… 149
ホモ接合 …………………………… 22,96
ポリゴンミラー …………………… 135,166
ホール・バーニング ……………… 103
ポンピング ………………………… 33,58

マ行

マシンビジョンレーザ …………… 175
マリュス …………………………… 65
マルチモードファイバ …………… 140
メイマン …………………………… 29
メーザ ……………………………… 20,29
モード ……………………………… 68,140
モード分散 ………………………… 140
モニタ電流 ………………………… 153

ヤ行

横モード …………………………… 68

ラ行

リニアアレイセンサ ……………… 173
リニアセンサ ……………………… 174
量子井戸構造 ……………………… 98,148
ルクス ……………………………… 75,76
ルビーレーザ ……………………… 30,38,41
ルビーロッド ……………………… 31
ルーメン …………………………… 75,76
冷却ファン ………………………… 155,164
レーザストロボ …………………… 170
レーザプリンタ …………………… 134,166
レーザポインタ …………………… 124
レーザメス ………………………… 143
レーザライトシート ……………… 185
レベル出し ………………………… 88,144
連続発振レーザ …………………… 82
ローダミン ………………………… 52

ワ行

ワット ……………………………… 75,76

■著者紹介

安藤幸司（あんどう こうし）

1956年 愛知県豊田市生まれ
1974年 愛知県立岡崎高等学校卒業
1978年 名古屋工業大学 機械工学科卒
1978年 (株)ナック入社
2000年 (株)日本ローバー入社
2001年 アンフィ(有)設立

主な活動：
　画像（計測カメラ）を用いた計測システムの開発に従事。Webサイト「AnfoWorld」運営。
　専門は、光学、電子工学、機械工学。

著書：
　『光と光の記録［光編］』『光と光の記録［光編その2］』産業開発機構、『らくらく図解　発光ダイオードのしくみ』オーム社

- ●装　丁　　　　　中村友和（ROVARIS）
- ●作図＆DTP　　 Felix 三嶽　一
- ●編　集　　　　　株式会社オリーブグリーン　大野 彰

しくみ図解シリーズ
半導体レーザが一番わかる

2011年 6月25日　初版　第1刷発行
2017年 6月 8日　初版　第2刷発行

著　　者	安藤幸司	
発 行 者	片岡　巌	
発 行 所	株式会社技術評論社	
	東京都新宿区市谷左内町 21-13	
	電話	
	03-3513-6150　販売促進部	
	03-3267-2270　書籍編集部	
印刷／製本	株式会社加藤文明社	

定価はカバーに表示してあります

本書の一部または全部を著作権法の定める範囲を超え、無断で複写、複製、転載、テープ化、ファイル化することを禁じます。

©2011　安藤幸司

造本には細心の注意を払っておりますが、万一、乱丁（ページの乱れ）や落丁（ページの抜け）がございましたら、小社販売促進部までお送りください。　送料小社負担にてお取り替えいたします。

ISBN978-4-7741-4653-9 C3055

Printed in Japan

本書の内容に関するご質問は、下記の宛先まで書面にてお送りください。お電話によるご質問および本書に記載されている内容以外のご質問には、一切お答えできません。あらかじめご了承ください。

〒162-0846
新宿区市谷左内町 21-13
株式会社技術評論社 書籍編集部
「しくみ図解」係
FAX：03-3267-2271